短视频剪辑从入门到精通

剪映

李小宁　著

云南科技出版社
· 昆明 ·

图书在版编目（CIP）数据

剪映短视频剪辑从入门到精通 / 李小宁著 . -- 昆明 : 云南科技出版社 , 2024. -- ISBN 978-7-5587-5927-7

Ⅰ . TP317.53

中国国家版本馆 CIP 数据核字第 2024GS8674 号

剪映短视频剪辑从入门到精通

JIANYING DUANSHIPIN JIANJI CONG RUMEN DAO JINGTONG

李小宁　著

出 版 人：温　翔
责任编辑：代荣恒
特约编辑：郁海彤　刘明纯
封面设计：李东杰
责任校对：孙玮贤
责任印制：蒋丽芬

书　　号：ISBN 978-7-5587-5927-7
印　　刷：三河市南阳印刷有限公司
开　　本：710mm × 1000mm　1/ 16
印　　张：10
字　　数：142千字
版　　次：2024年10月第1版
印　　次：2024年10月第1次印刷
定　　价：59.00元

出版发行：云南科技出版社
地　　址：昆明市环城西路609号
电　　话：0871-64192481

序

作为新媒体行业的从业者，笔者对文案、各大新媒体平台有着天然的敏感。从业10年来，曾帮助多名企业领导从0到1打造个人IP（Intellectual Property的缩写）账号，并成功实现引流变现。

新媒体的发展速度十分迅猛，这十几年来，从初期以文字为主的知乎、微博等平台崭露头角，到随后音频领域的喜马拉雅、懒人听书等异军突起，再到如今视频化浪潮中的抖音、快手、小红书、B站等成为潮流引领者，每一步都彰显了新媒体的无穷魅力与无限可能。笔者紧跟其发展步伐，在新媒体领域深耕细作，不断创新求变，力求在每一次变革中都能把握机遇。

在2020年以前，笔者一直从事新媒体平台的内容策划工作，向来以文字工作为主的笔者以为自己离短视频制作很遥远，毕竟笔者从未接触过Pr（Adobe Premiere Pro，简称Pr）软件，更没有经过专业的短视频制作培训。直到笔者开始接触剪映这款工具时，才恍然大悟，原来短视频制作并非遥不可及。即使不会用电脑端的Pr软件，使用手机，也能剪出高清且精彩的短视频。

就这样，在短视频内容策划、剪辑、运营等经验的加持下，笔者开始打造自己的个人美食账号。

由于既往的从业经历，笔者养成了账号研究与分析的习惯。起号对我而言并没有那么难，仅用1年半时间，独立运营的小红书账号“李茶茶”粉丝人数就达到了20万，B站同名账号的粉丝人数也达到了6万，几乎每条都是爆款视频，变现超50万元，大大超过了笔者既往从业过程中的年收入。笔者迫不及待地想把这一喜讯分享给大家，因为整个制作过程，笔者仅凭一部手机和一个剪映App（Application的缩写）便轻松完成，无须复杂的设备和专业的培训。

本书以笔者的个人经验为主，围绕剪映App（书中如果没有特别介绍，均指手机端剪映）的操作展开介绍。本书结合实战案例和策划编写而成，文中包含大量热门短视频作品，希望可以真正帮助大家提升短视频剪辑能力。

本书内容通俗易懂，讲解清晰明了，并配有丰富的操作说明图，让广大短视频爱好者能够轻松上手，一学即会。对于熟悉剪映App的用户，本书将详细阐述通过该应用制作短视频的具体步骤，辅以直观的图片，使读者能在短时间内迅速掌握剪映技巧。

值得注意的是，本书是基于编写时剪映App的界面而创作的，因为从编辑、定稿到出版需经历一段时间。在此期间，剪映App的操作界面和具体功能可能会有所调整。例如，某些内容可能有所增减，部分功能在工具栏中的位置也可能发生变化。尽管剪映App在不断更新迭代，但基本的操作方法和原理是不变的。因此，希望读者能够参考书中的操作流程与操作界面，举一反三，灵活应用所学知识。

本书特别适合拍摄和剪辑短视频的初学者，特别是那些希望学习热门短视频制作技巧，通过短视频提升个人知名度或获取收益的读者。无论你是短视频爱好者，或是希望以此作为职业发展的朋友，本书都将为你提供宝贵的指导和帮助。

目录

第五章 065

字幕：提高视频理解与接受度

第六章 087

特效：视频秒变视觉盛宴

第七章 109

美颜：让你瞬间焕发光彩

第八章 123

画中画：小白也能玩出高级感

第九章 143

封面及视频发布：一秒吸睛，引爆点击

第一章 剪映零基础快速上手

剪映App是一款专为零基础用户设计，用户无须专业经验，只需简单几步操作，即可实现视频剪辑、特效添加、音乐配合等功能。操作界面简洁直观，功能强大实用，不管是视频剪辑的新手，还是视频拍摄爱好者，都能通过剪映快速打造出专业级的短视频作品。

新手学习重点：

1. 认识剪映App界面
2. 掌握视频剪辑方法
3. 添加片头、片尾
4. 音频降噪

1 认识剪映 App

剪映 App 是一款功能全面的剪辑软件，用户可通过剪映 App 在手机上轻松完成短视频的剪辑工作。接下来带大家认识一下剪辑的基本过程。

▲ 图 1-1

1. 在手机屏幕上点击剪映 App 的图标，如图 1-1 所示，打开剪映 App。
2. 进入“剪映”主界面，点击“开始创作”按钮，如图 1-2 所示。
3. 点击“照片视频”选项卡，选择合适的照片或视频素材，然后点击“添加”按钮，如图 1-3 所示。
4. 如果自己没有太好的照片或视频素材，也可以点击“素材库”选项卡，选择剪映提供的免费素材（用户在非商业环境下应用这些素材是安全的，如果是出于商业

▲ 图 1-2

▲ 图 1-3

▲ 图 1-4

目的应用，则存在侵权风险），选择其中两个视频，然后点击“添加”按钮，如图 1-4 所示。

5 添加成功后，即可导入相应的照片或视频素材，并进入编辑界面。以美食素材为例，视频预览区域左下角有两个时间，分别表示当前时长和视频的总时长。点击预览区域中间的按钮，即可播放视频，如图 1-5 所示。

6 也可以点击预览区域右下角的按钮，全屏预览视频效果，如图 1-6 所示。

7 点击视频左下角的播放按钮，即可播放视频，如图 1-7 所示。

8 视频播放效果，如图 1-8 所示。

▲ 图 1-5

▲ 图 1-6

▲ 图 1-7

▲ 图 1-8

2 快速了解剪辑界面

手机上剪映 App 的剪辑界面设计直观且易于上手，为用户提供了丰富的视频编辑功能。进入剪辑界面后，可以轻松地对视频进行裁剪、分割、复制等操作。

1 以导入的美食素材为例，点击“剪辑”按钮，如图 1-9 所示。

2 进入视频剪辑界面，拖动时间轴至 4 秒处；点击“分割”按钮，即可将视频从 4 秒处切开；选中 4 秒后的视频，点击“删除”按钮，即可删除 4 秒以后的视频，如图 1-10 所示。

3 选择需要复制的视频片段，点击菜单栏中的“复制”按钮，即可复制视频片段，如图 1-11 所示。

▲ 图 1-9

▲ 图 1-10

▲ 图 1-11

3 一键替换，快速更换视频素材

打开剪辑好的短视频文件，如果想要将视频中的某个片段替换成其他片段，可以进行以下操作。

1 找到需要替换的视频片段，以美食素材为例，选择该片段，向左滑动下方工具栏，找到并点击“替换”按钮，如图 1-12 所示。

▲ 图 1-12

▲ 图 1-13

▲ 图 1-14

2　进入“照片视频”界面，选择想要替换的素材，如图 1-13 所示。

3　替换成功后，视频轨道上就会显示替换后的视频素材，如图 1-14 所示。点击“播放”按钮，就能查看替换后的视频效果。

4 位置调换，精确剪辑每帧画面

在剪辑的过程中，经常会涉及视频位置的调换。一来可以调节视频的节奏感，二来可以提高视频的流畅度。具

▲ 图 1-15

▲ 图 1-16

体操作步骤如下：

1. 选择要操作的视频，以替换后的美食素材为例，在时间轴上找到要调换位置的视频片段，按住视频片段并拖动到要调换的位置，如图 1-15 所示。
2. 松开视频即可完成位置调换，如图 1-16 所示。

5 调整视频比例，轻松完善视频

更改视频比例能让视频在不同的场景下展示更好的效果，同时也能调整画面的构图和美感，为观众带来更加舒适的视觉体验。具体操作步骤如下：

1. 以美食素材为例，点击底部工具栏的“比例”按钮，如图 1-17 所示；在弹出的比例选项中，选择所需要的视频比例，如图 1-18 所示。
2. 如果这些比例都不符合需求，可以点开“编辑”按钮，如图 1-19 所示；再点开“调整大小”，如图 1-20 所示；即可

▲ 图 1-17

▲ 图 1-18

▲ 图 1-19

▲ 图 1-20

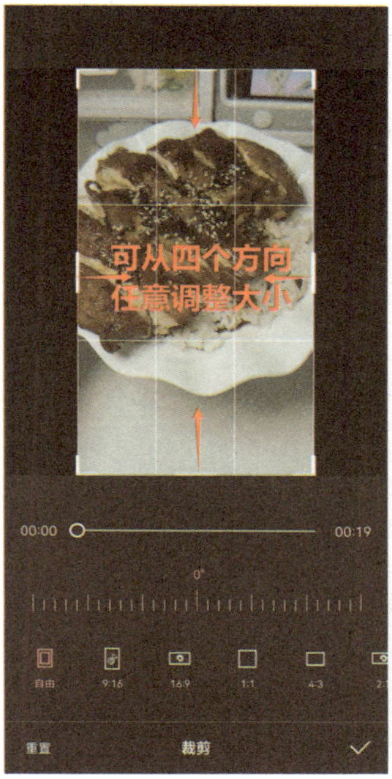

▲ 图 1-21

▲ 图 1-22

从 4 个方向进一步的对视频进行裁剪和大小的调整，如图 1-21 所示。

6 关闭或分离原声，强化视频表现效果

剪映中关闭原声功能能消除视频中的原始声音，而分离原声可以将视频与音频分开，使它们成为独立的元素，便于后续的编辑和处理。具体操作步骤如下：

1 导入一段视频，以美食素材为例，在剪映二级工具栏中点击"音频

▲ 图 1-23

▲ 图 1-24

▲ 图 1-25

分离”按钮，如图 1-22 所示；将音频分离出来，如图 1-23 所示。

2 在剪映二级工具栏中点击“音量”按钮，如图 1-24 所示；将音量调至 0，如图 1-25 所示，这段视频就是无声状态。

7 音频降噪，强化声音细节

在拍摄视频时，由于环境、设备等因素的影响，很容易产生各种噪音，这些噪音会严重影响视频的观感和质量。而剪映的音频降噪功能，正是为了解决这个问题而设计的。通过降噪处理，去除音频中的杂音、背景噪声或嘈杂声等声音干扰，可以使音频听起来更加清晰、自然，提高视频的听感体验。具体操作步骤如下：

1 导入一段视频，以美食素材为例，点击“音频降噪”按钮，如图 1-26 所示。

2 将按钮调到最右端，点击“√”按钮，即可完成降噪，如图 1-27 所示。

▲ 图 1-26

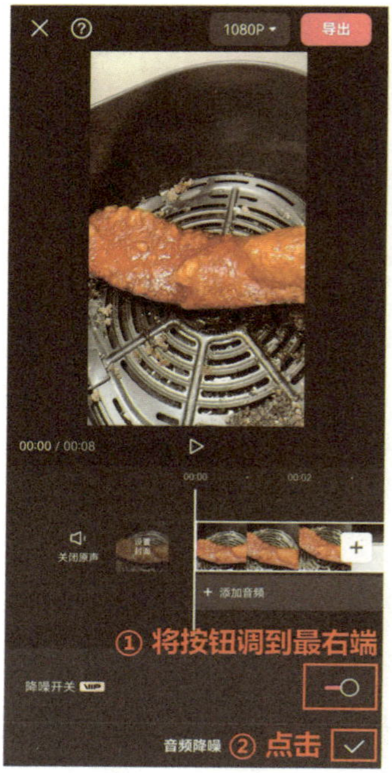

▲ 图 1-27

8 添加片头、片尾，统一视频风格

经常刷短视频的用户会发现，一般“网红”发的短视频片头、片尾都会有统一的风格，以作者所运营的美食账号的短视频为例，开场都是“黑底＋标题文案”。准备好需要添加的片头和片尾的视频素材，可以是文字、图像、动画或已经制作好的短视频片段。具体操作步骤如下：

1 添加片头：以美食素材为例，在时间轴上找到视频的起始位置，点击“添加”按钮，如图 1-28 所示；选择要添加的片头素材，再点击“添加”按钮，如图 1-29 所示；添加成功后，片头素材就会出现在视频轨道上，如图 1-30 所示。

2 添加片尾：在时间轴上找到视频的结束位置。同样点击“添加”按钮，如图 1-31 所示；选择片尾素材，并将其添加到时间轴的视频后面，如图 1-32 所示；添加成功后，片尾素材就会出现在视频轨道上，如图 1-33 所示。

3 导出视频：在整条视频调至满意后，选择适当的输出参数和质量（分辨率：较高的分辨率意味着视频图像更加清

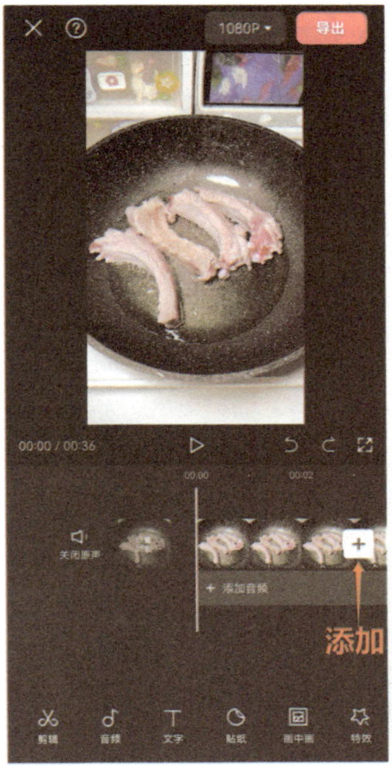

▲ 图 1-28

▲ 图 1-29

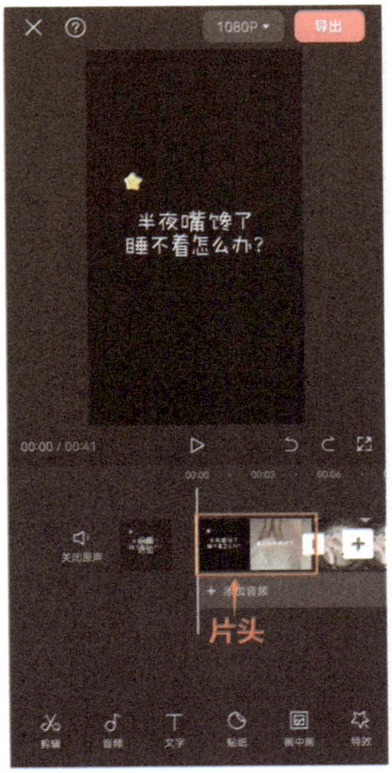

▲ 图 1-30

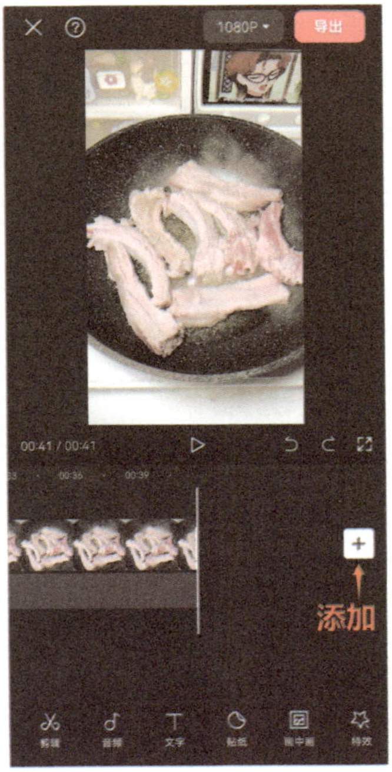

▲ 图 1-31

▲ 图 1-32

▲ 图 1-33

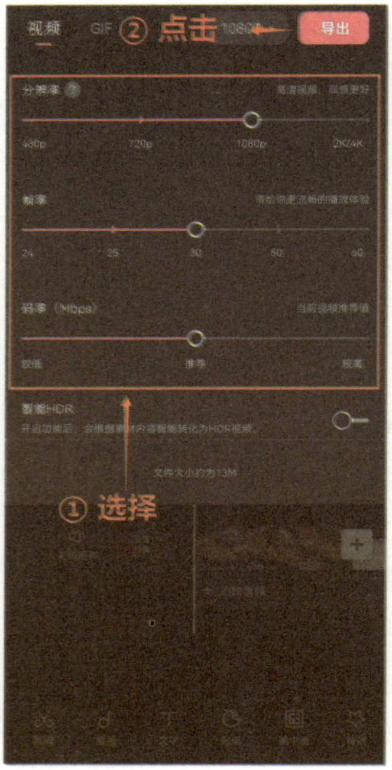

▲ 图 1-34

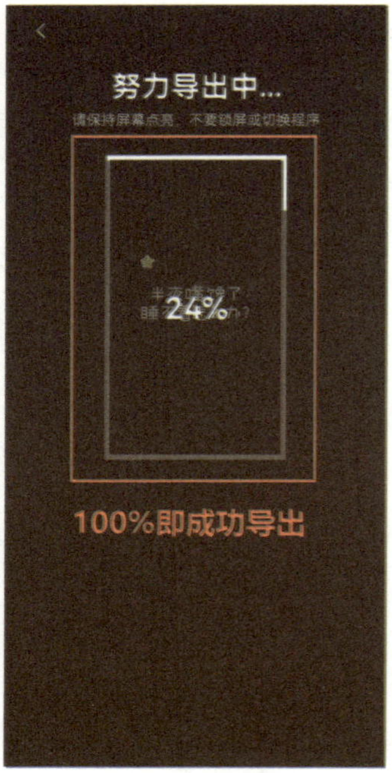

▲ 图 1-35

晰，但也会占用更多的存储空间；帧率：帧率越高，视频的流畅度和逼真度就越高；码率：码率越高，视频文件的质量就越好，但文件大小也会相应增大），点击“导出”按钮，将视频导出到手机或分享到社交平台，如图 1-34 所示；导出至 100% 即为导出成功，如图 1-35 所示。

9 一键成片，快速合成完整视频

剪映是一款功能强大的视频编辑软件，其中的“一键成片”操作功能为用户提供了极大的便利。通过这一功能，用户只需简单几步，即可将视频素材快速整合成一个完整的视频作品。无须复杂的剪辑技巧，只需选择想要编辑的视频素材，点击“一键成片”按钮，剪映便会自动分析素材，智能匹配音乐、转场效果和字幕，生成一个精彩纷呈的视频。这一操作不仅节省了用户的时间和精力，还能确保视频作品的

▲ 图 1-36

质量和观感。

无论是制作个人生活记录、旅行分享还是商业宣传，剪映的“一键成片”操作都能轻松制作出专业级的视频作品。具体操作步骤如下：

1 在剪映 App 的主界面，点击“一键成片”选项卡，如图 1-36 所示。

2 在弹出的视频界面中选择素材，点击素材右上角的小圆圈，就可以选中用于生成视频的素材，如果想要素材之间的画面过渡自然，并且确保视频效果，最好选择 3 段或者更多的素材，这样生成的视频才能具有更好的效果（素材是按照选择的顺序来排列的，小圆圈内的数字表示素材拼接的顺序，如果取消勾选的素材，后面素材的序号会自动向前调整），可以根据需要依次选择想要拼接的素材，确定好想要选择的素材和顺序之后，点击界面右下角的“下一步”按钮，如图 1-37 所示。

3 这时剪映开始进行素材的处理，几秒钟后就能生成一段剪辑好的成片。如果对 App 自动选择的模板不满意，可以在视频下方根据自己的喜好选择对应的模板，如图 1-38 所示。

4 选中模板后，模板会被红框框住，并且红框中会出现“点击编辑”字样，点击红框后出现编辑界面，此时长按素材然后拖动，就能调整视频素材的顺序；点击红框内的“点

▲ 图 1-37

▲ 图 1-38

▲ 图 1-39

▲ 图 1-40

▲ 图 1-41

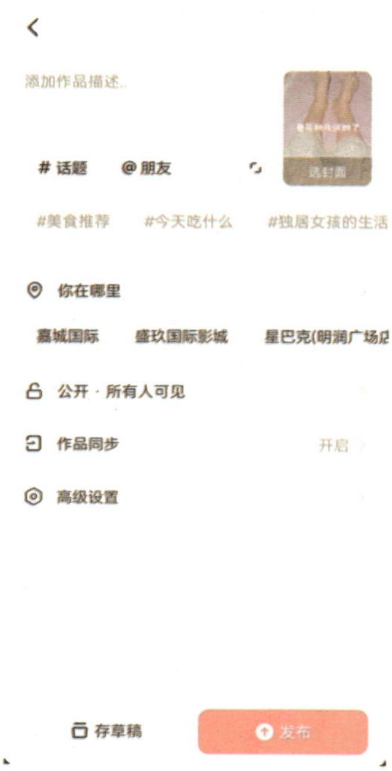

▲ 图 1-42

击编辑”，即可调整选中的素材内容，如图 1-39 所示。

5 点击视频下方的“无水印保存并分享”即可导出无水印视频，如图 1-40 所示；此时视频会自动分享到抖音发布界面，如图 1-41 所示。

6 在发布界面手动选择封面、添加作品描述、定义或添加“# 话题”“@ 朋友”，最后点击下方的“发布”按钮，即可成功发布视频，如图 1-42 所示。

第二章 滤镜：轻松拍出大片感

剪映App的滤镜功能强大，能让视频瞬间焕发不同魅力。无论是营造复古氛围、增强画面质感，还是打造清新自然的风格，只需轻松一点，滤镜效果即刻呈现。掌握剪映的滤镜，就能让视频内容更加丰富多彩，轻松吸引观众眼球。

新手学习重点：

1. 掌握夜景滤镜应用方法
2. 掌握风景滤镜应用方法
3. 掌握美食滤镜应用方法
4. 打造影视级滤镜

1 夜景滤镜

剪映中的夜景滤镜是一种专门用于增强和提升夜景视频画质的工具。通过使用这些滤镜，可以让夜景视频更加明亮、清晰，并增强暗部的细节。具体操作步骤如下：

1. 打开剪映 App，在主界面中点击“开始创作”按钮，如图 2-1 所示。
2. 点击“照片视频”选项卡，选择合适的夜景视频素材，点击右下角的“添加”按钮，如图 2-2 所示。
3. 点击“滤镜”按钮，如图 2-3 所示。
4. 点击“夜景”选项卡，用户可以在其中多尝试一些滤镜，选择一个与短视频风格最符合的滤镜，以“冷蓝”滤镜为例，拖拉“滤镜”界面下方的白色圆形滑块，适当调整滤镜的应用程度参数，然后点击“√”按钮，如图 2-4 所示。

▲ 图 2-1

▲ 图 2-2

▲ 图 2-3

▲ 图 2-4

5 执行操作后，拖拉滤镜轨道右侧的白色拉杆，调整滤镜时间，使其与视频时间保持一致，如图 2-5 所示。

6 点击“播放”按钮，即可预览视频效果，能看到夜景视频在加了“自然”滤镜之后变得更加自然透澈，点击右上角的“导出”按钮，即可导出视频，如图 2-6 所示。

▲ 图 2-5

▲ 图 2-6

▲ 图 2-7

▲ 图 2-8

2 风景滤镜

剪映中的风景滤镜包括“绿妍”“景明”“晴空”等效果，我们可以根据需要选择合适的风景滤镜，使景色更加令人向往。具体操作步骤如下：

1 打开剪映 App，在主界面点击“开始创作”按钮，如图 2-7 所示。

2 点击“照片视频”选项卡，选择合适的风景视频素材，点击右下角的“添加”按钮，如图 2-8 所示。

▲ 图 2-9

▲ 图 2-10

▲ 图 2-11

3 点击“滤镜”按钮，如图 2-9 所示。

4 点击“风景”选项卡，用户可在其中多尝试一些滤镜，选择一个与短视频风格最符合的滤镜，以“椿和”滤镜为例，拖拉“滤镜”界面下方的白色圆形滑块，适当调整滤镜的应用程度参数，然后点击“√”按钮，如图 2-10 所示。

5 执行操作后，拖拉滤镜轨道右侧的白色拉杆，调整滤镜时间，使其与视频时间保持一致，如图 2-11 所示。

6 点击“播放”按钮，即可预览视频效果，能看到视频中加了“椿和”滤镜之后色调更加明快，点击右上角的“导出”按钮，即可导出视频，如图 2-12 所示。

▲ 图 2-12

3 美食滤镜

剪映 App 中的美食滤镜包括“暖食”“味蕾”“鲜美”“家宴”等效果，用户可以根据需要选择合适的美食滤镜，以突出食物的色彩和质感，使食物看起来更加诱人、鲜艳，提升视频的观赏性。具体操作步骤如下：

1. 打开剪映 App，在主界面点击“开始创作”按钮，如图 2-13 所示。
2. 点击“照片视频”选项卡，选择合适的美食视频素材，点击右下角的“添加”按钮，如图 2-14 所示。
3. 点击“滤镜”按钮，如图 2-15 所示。
4. 点击“美食”选项卡，用户可在其中多尝试一些滤镜，选择一个与短视频风格最符合的滤镜，以“鲜美”滤镜为例，拖拉“滤镜”界面下方的白色圆形滑块，适当调整滤镜的应用程度参数，然后点击“√”按钮，如图

▲ 图 2-13

▲ 图 2-14

▲ 图 2-15

▲ 图 2-16

2-16 所示。

5. 执行操作后，拖拉滤镜轨道右侧的白色拉杆，调整滤镜时间，使其与视频时间保持一致，如图 2-17 所示。

6. 点击“播放”按钮，即可预览视频效果，能看到视频中的麻辣串在加了“鲜美”滤镜之后变得更加自然透澈，点击右上角的“导出”按钮，即可导出视频，如图 2-18 所示。

▲ 图 2-17

▲ 图 2-18

4 复古胶片滤镜

剪映 App 中的复古胶片滤镜包括“德古拉”“普林斯顿”“摩登”“影部”等效果，用户可以根据需要选择合适的复古胶片滤镜，使视频或照片更有质感。具体操作步骤如下：

1. 打开剪映 App，在主界面点击“开始创作”按钮，如图 2-19 所示。

2. 点击“照片视频”选项卡，选择合适的风景视频素材，点击右下角的

▲ 图 2-19

▲ 图 2-20

"添加"按钮，如图 2-20 所示。

3 点击"滤镜"按钮，如图 2-21 所示。

4 点击"复古胶片"选项卡，用户可在其中多尝试一些滤镜，选择一个与短视频风格最符合的滤镜，以"普林斯顿"滤镜为例，拖拉"滤镜"界面下方的白色圆形滑块，适当调整滤镜的应用程度参数，然后点击"√"按钮，如图 2-22 所示。

▲ 图 2-21

▲ 图 2-22

5 执行操作后，拖拉滤镜轨道右侧的白色拉杆，调整滤镜时间，使其与视频时间保持一致，如图 2-23 所示。

6 点击"播放"按钮，即可预览视频效果，能看到视频中经过"普林斯顿"滤镜之后变得更加有质感，点击右上角的"导出"按钮，即可导出视频，如图 2-24 所示。

▲ 图 2-23

▲ 图 2-24

5 影视级滤镜

我们常常需要剪辑和风景相关的短视频。剪映 App 中的风景滤镜包括“高饱和”“爱之城Ⅱ”“繁花似锦”等效果，我们可以根据需要选择合适的风景滤镜，使景色更加令人向往。具体操作步骤如下：

1. 打开剪映 App，在主界面中点击“开始创作”按钮，如图 2-25 所示。
2. 点击“照片视频”选项卡，选择合适的视频素材，点击右下角的“添加”按钮，如图 2-26 所示。
3. 点击“滤镜”按钮，如图 2-27 所示。
4. 点击“影视级”选项卡，用户可在其中多尝试一些滤镜，选择一个与短视频风格最符合的滤镜，以“爱之城Ⅱ”滤镜为例，拖拉“滤镜”界面下方的白色圆形滑块，适当调整滤镜的应用程度参数，然后点击“√”

▲ 图 2-25

▲ 图 2-26

▲ 图 2-27

▲ 图 2-28

按钮，如图 2-28 所示。

5 执行操作后，拖拉滤镜轨道右侧的白色拉杆，调整滤镜时间，使其与视频时间保持一致，如图 2-29 所示。

6 点击“播放”按钮，即可预览视频效果，能看到视频中的夜景在加了“爱之城 II”滤镜之后变得更有质感，点击右上角的“导出”按钮，即可导出视频，如图 2-30 所示。

▲ 图 2-29

▲ 图 2-30

▲ 图 2-31

▲ 图 2-32

6 风格化滤镜

风格化滤镜是剪映 App 中一组比较炫酷、有趣的滤镜，多用于制作风格特别的视频，让短视频制作更加快捷、方便，也更别具一格。具体操作步骤如下：

1 打开剪映 App，在主界面中点击“开始创作”按钮，如图 2-31 所示。

2 点击“照片视频”选项卡，选择合适的视频素材，点击右下角的“添加”按钮，如图 2-32 所示。

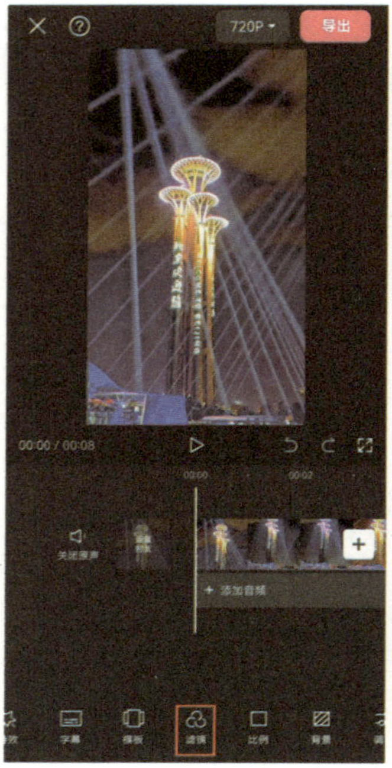

▲ 图 2-33

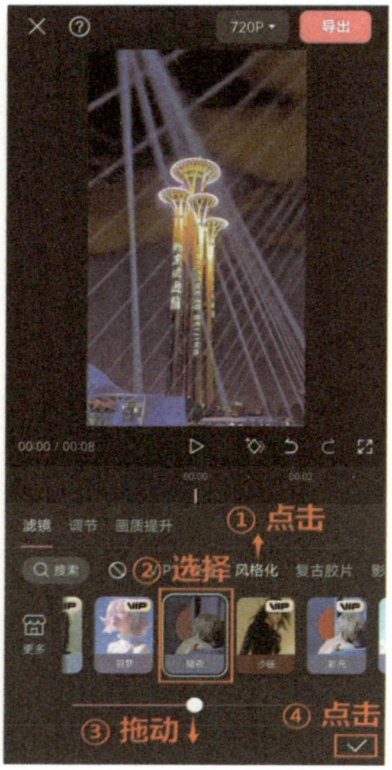

▲ 图 2-34

3 点击“滤镜”按钮，如图 2-33 所示。

4 点击“风格化”选项卡，用户可在其中多尝试一些滤镜，选择一个与短视频风格最符合的滤镜，以“暗夜”滤镜为例，拖拉“滤镜”界面下方的白色圆形滑块，适当调整滤镜的应用程度参数，然后点击“√”按钮，如图 2-34 所示。

5 执行操作后，拖拉滤镜轨道右侧的白色拉杆，调整滤镜时间，使其与视频时间保持一致，如图 2-35 所示。

6 点击“播放”按钮，即可预览视频效果，能看到视频中的夜景在加了“暗夜”滤镜之后变得更加迷人，点击右上角的“导出”按钮，即可导出视频，如图 2-36 所示。

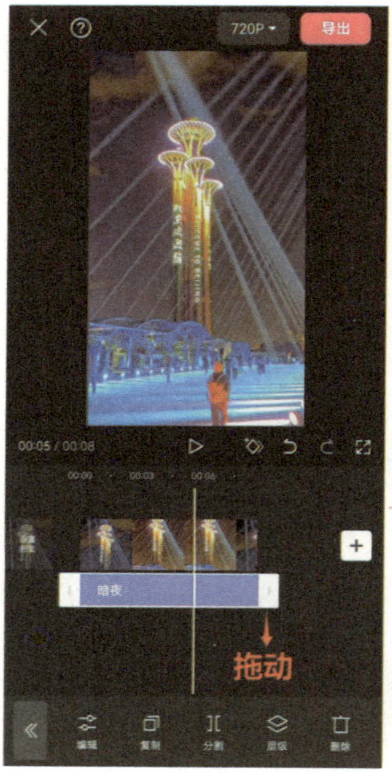

▲ 图 2-35

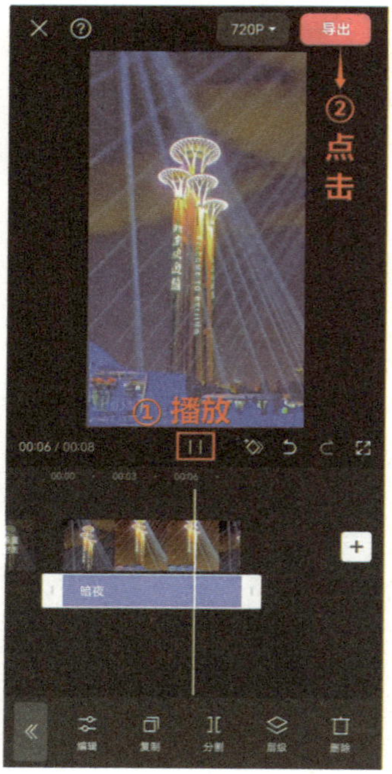

▲ 图 2-36

第三章 调色：让你的视频更有氛围感

剪映App的调色功能强大而灵活，为用户提供了广泛的色彩调整选项。通过掌握调色功能，可以精确地调整视频的亮度、对比度、饱和度和色调等，以打造出理想的视觉效果。无论是修复色彩偏差，还是增强画面的色彩表现力，调色功能都能助你一臂之力。

新手学习重点：

1. 增强画面色彩
2. 增强画面质感
3. 让画面更鲜亮
4. 让画面更清新

1 调色功能介绍

在剪映中，高清滤镜是一种用于提升视频画质和清晰度的滤镜效果。通过应用高清滤镜，可以使视频看起来更加清晰、细腻，并增强细节表现。具体操作步骤如下：

1. 以美食素材为例，点击“滤镜”按钮，如图 3-1 所示。
2. 进入“滤镜”编辑界面后，点击“高清Ⅱ”选项卡，拖动下面的白色圆形滑块，适当调整滤镜的应用程度参数，在预览区域可以看到画面效果，点击“√”按钮，如图 3-2 所示。
3. 将会生成一条滤镜轨道，拖拉滤镜轨道右侧的白色拉杆，调整滤镜时间，使其与视频时间保持一致，如图 3-3 所示。
4. 返回至二级工具栏中，点击“新增调节”按钮，如图 3-4 所示。
5. 选择“亮度”选项，拖拉白色圆形滑块，将参数调节至 -8，如图 3-5 所示。

▲ 图 3-1

▲ 图 3-2

▲ 图 3-3

▲ 图 3-4

6 选择“对比度”选项，拖拉白色圆形滑块，将参数调节至11，如图3-6所示。

7 选择“饱和度”选项，拖拉白色圆形滑块，将参数调节至10，如图3-7所示。

8 选择“光感”选项，拖拉白色圆形滑块，将参数调节至3，如图3-8所示。

9 选择“锐化”选项，拖拉白色圆形滑块，将参数调节至10，如图3-9所示。

▲ 图 3-5

▲ 图 3-6

▲ 图 3-7

▲ 图 3-8

▲ 图 3-9

▲ 图 3-10

▲ 图 3-11

▲ 图 3-12

10 选择“色温”选项，拖拉白色圆形滑块，将参数调节至 -10，如图 3-10 所示。

11 选择“色调”选项，拖拉白色圆形滑块，将参数调节至 7，然后点击“√”按钮，如图 3-11 所示。

12 拖拉滤镜轨道右侧的白色拉杆，调整滤镜时间，使其与视频时间保持一致，如图 3-12 所示。

2 让夜景显高级的黑金调色

剪映中的黑金色调是许多人喜欢的滤镜效果，夜景视频比较适用黑金色调，可以使画面更具高级感，但使用这个滤镜效果的视频最好是黄色偏多的夜景。具体操作步骤如下：

1 导入一段夜景视频，然后点击“滤镜”，选择“黑白”滤镜中的“黑金”，如图 3-13 所示；添加滤镜成功后，可以看到滤镜轨道上面出现“黑金”滤镜，如图 3-14 所示。

▲ 图 3-13

▲ 图 3-14

▲ 图 3-15

▲ 图 3-16

▲ 图 3-17

2 返回上一级菜单，选中视频，点击“调节”按钮，如图 3-15 所示；点击“HSL”按钮，如图 3-16 所示。这里的“HSL”是色彩的 3 个基本属性的首字母结合，即色相 (Hue)、饱和度 (Saturation)、亮度(Lightness)。

3 然后依次分别点击红色、橙色、黄色、绿色、青色、蓝色、紫色、洋红色圆点，将它们的饱和度都设为 -100，只在点击橙色圆点后，将其饱和度设为 -42，画面最终效果如图 3-17 所示。可以配上自己喜欢的音乐，使视频更有感觉。

3 焦糖色质感调色法

剪映中的焦糖色质感调色法能够为视频增添一种温暖、复古且富有质感的色彩氛围，并且带有一种怀旧感。以“VHS Ⅲ”+“闻香识人（强度 80）”滤镜叠合为例，具体操作步骤如下：

1 导入一段合适的视频或照片素材，找到“滤镜”选项卡，然后点击“复古胶片”，选择“VHS Ⅲ”滤镜，拖动下面的白色圆形滑块，将参数调整为 85，点击右下角“√”按钮，如图 3-18 所示。

2 点击界面任意空白处，选择“新增滤镜”，再点击“影视级”，选择“闻香识人”，拖动将参数调整为 85，然后点击右下角“√”按钮，如图 3-19 所示。

3 滤镜确定好之后，要对参数进行细致的调节。选择“新增调节”按钮，如图 3-20 所示；然后在“调节”选项卡下点击“亮度”，将参数调整为 10；再依次点击“对比度”，将参数调整为 -10；点击“饱和度”，将参数调整为 -10；点击“高光”，将参数调整为 35；点击“阴影”，将参数调整为 10；点击“色温”，将参数调整为 10，上述调节参数如图 3-21 所示。完成后，点击右下角的“√”按钮，最终效果如图 3-22 所示。

▲ 图 3-18

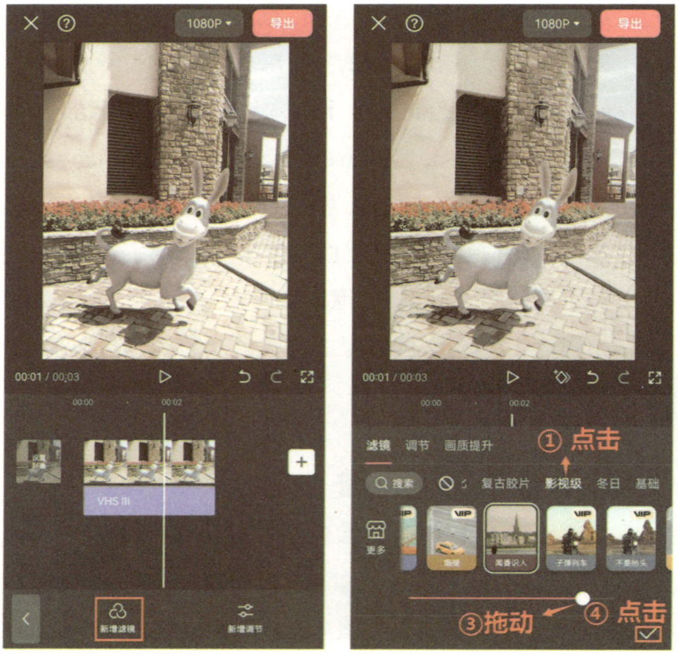

▲ 图 3-19

▲ 图 3-20

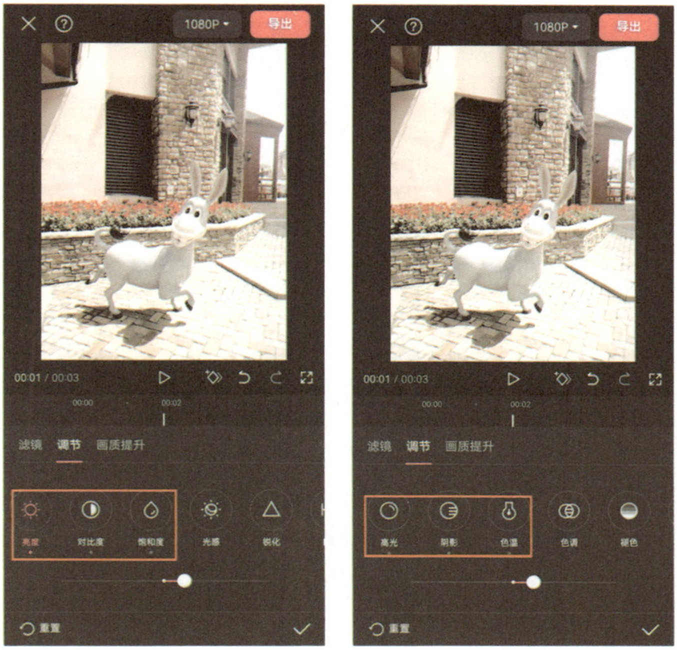

▲ 图 3-21

▲ 图 3-22

在实际操作中可以增加多个滤镜，效果会相互叠加。所有参数可根据画面的具体情况上、下浮动数值，直至调出自己满意的效果。

4 热辣美食调色法

为食物调色，体现美食的美感，增强观看者的食欲。如果食物是摆放在浅色环境中，需要为其调出明亮淡雅的色调；如果食物是偏暖色的，如橙汁、火锅等，就需要调出浓郁的色调。具体操作步骤如下：

1. 导入美食相关视频，向左滑动工具栏，找到“滤镜”并点击；点击“美食”，选择“鲜美”滤镜，然后点击右下角“√”按钮，滤镜添加成功，效果如图 3-23 所示。
2. 点击轨道区域外空白处，然后点击“新增调节”按钮，如图 3-24 所示；点击“对比度”，将参数调整为 6；点击

▲ 图 3-23

▲ 图 3-24

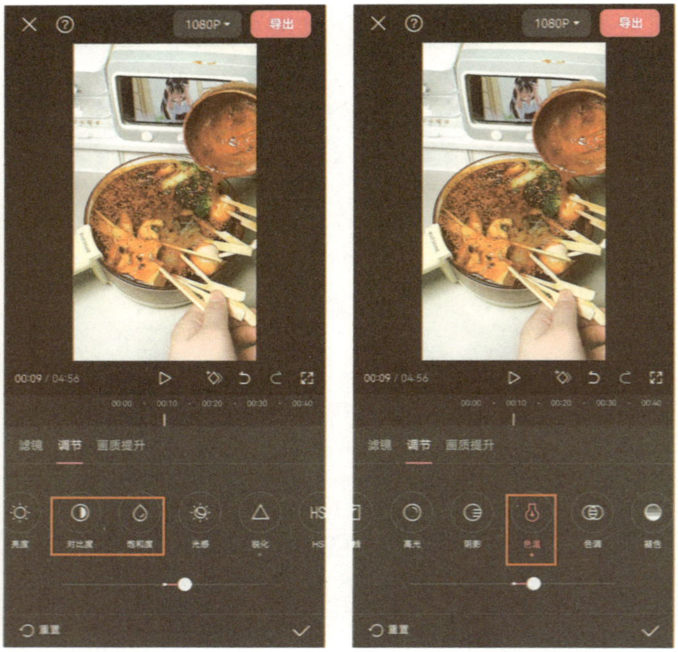

▲ 图 3-25

▲ 图 3-26

"饱和度"，将参数调整为 7；点击"锐化"，将参数调整为 20；点击"色温"，将参数调整为 10，上述调节参数如图 3-25 所示。点击右下角的"√"按钮，最终效果如图 3-26 所示。

5 视频转场调色法

剪映中的视频转场调色是借助转场特效来实现视频色彩调整的过程。其核心在于巧妙地分割并剔除调色过程中不必要的渐变片段，同时根据创作需求保留部分原始视频，以保持内容的连贯性。在整个调色过程中，应灵活应变，确保最终效果与视频的整体风格相契合，呈现出独特而和谐的视觉体验。具体操作方法如下：

1. 导入美食相关视频，选择"滤镜"选项卡，点击"美食"，选择"食色"滤镜，然后点击右下角"√"按钮，滤镜添加成功，效果如图 3-27 所示。

▲ 图 3-27

▲ 图 3-28

2 点击右上角的“导出”，稍等片刻，即可导出刚加了滤镜的视频，如图 3-28 所示。

3 点击“开始创作”，导入原视频，然后点击主视频轨道右边的“+”号，导入之前加了滤镜的视频，如图 3-29 所示；将第一段视频的 10 秒以后的视频删掉（视频共 18 秒，删掉第一段后的 8 秒），删掉第 2 段视频的前 10 秒（视频总长度仍然是 18 秒），删完后两段视频自然衔接，如图 3-30 所示。

4 点击两段视频连接处的白色正方形，添加转场效果，如图 3-31 所示。

5 选择“幻灯片”选项卡，选择“向右擦除”转场效果，然后向右拖动下方的滑条，把转场时间调整为 1 秒，然后点击右下角“√”按钮，转场效果添加成功，如图 3-32 所示。

▲ 图 3-29

▲ 图 3-30

▲ 图 3-31

▲ 图 3-32

6 蒙版调色法

剪映的蒙版调色法是一种灵活且强大的视频调色功能。通过蒙版调色功能，可以实现对视频或图片中特定区域的色彩进行精确调整而不会影响其他部分。具体操作步骤如下：

1 打开剪映，导入合适的风景视频，点击工具栏中的“滤镜”选项卡；点击“风格化”，选择“多巴胺”滤镜，然后拖动，点击视频右下角的

▲ 图 3-33

▲ 图 3-34

“√”按钮，如图 3-33 所示。点击视频右上角的“导出”，即可导出添加了滤镜的视频，如图 3-34 所示。

2 点击“开始创作”，再次导入第一步中使用的风景视频，先后点击“画中画→新增画中画”，如图 3-35 所示；选择添加了滤镜的“视频”，点击“添加”导入视频；在视频预览界面，双指在对角线上向外滑动，把两段视频的尺寸调整一致，如图 3-36 所示。

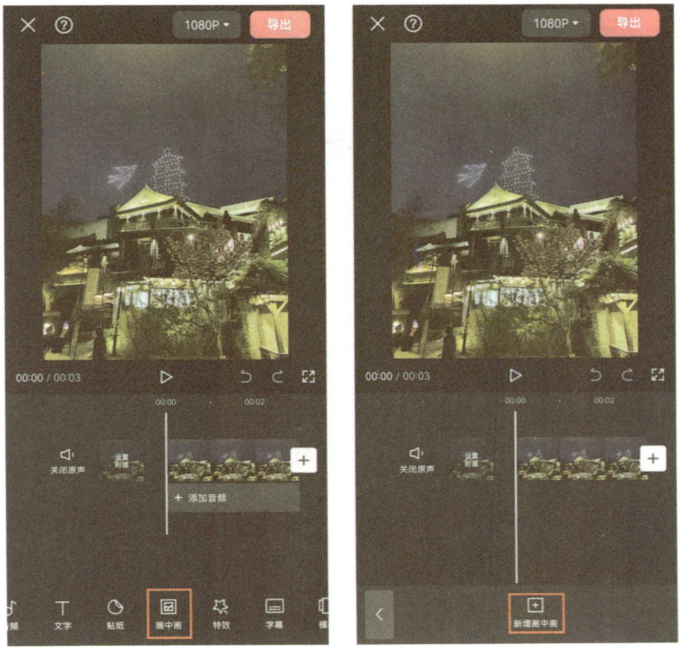

▲ 图 3-35

▲ 图 3-36

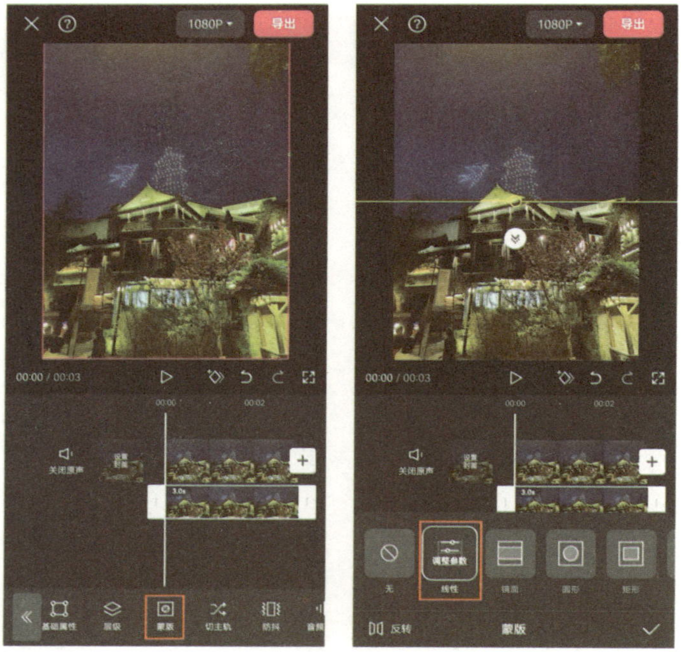

▲ 图 3-37

❸ 在时间轴区域，将两段视频的开头均与白线对齐。向左滑动工具栏，点击“蒙版→线性”，如图 3-37 所示；将预览区域中的黄线逆时针旋转 90°（双指向左扭动，屏幕上方会有角度显示），手指按住黄色竖线中间的空心圆点，向左拖动黄线，直到原本未添加滤镜的视频画面全部显露，然后点击右下角的“√”按钮，如图 3-38 所示。

❹ 点击画中画视频，将时间轴移至视频开头，打上一个关键帧，如图 3-39 所示；手指在时间轴区域向左滑动视频（画中画轨道中的视频保持选中状态），将视频移动至 2 秒处，点击下方工具栏中的“蒙版”，如图 3-40 所示；此时蒙版的线性呈自动选中状态，手指按住黄色竖线中间的空心圆点，向右拖动，使原本添加过滤镜的视频画面全部显现，点击右下角的“√”

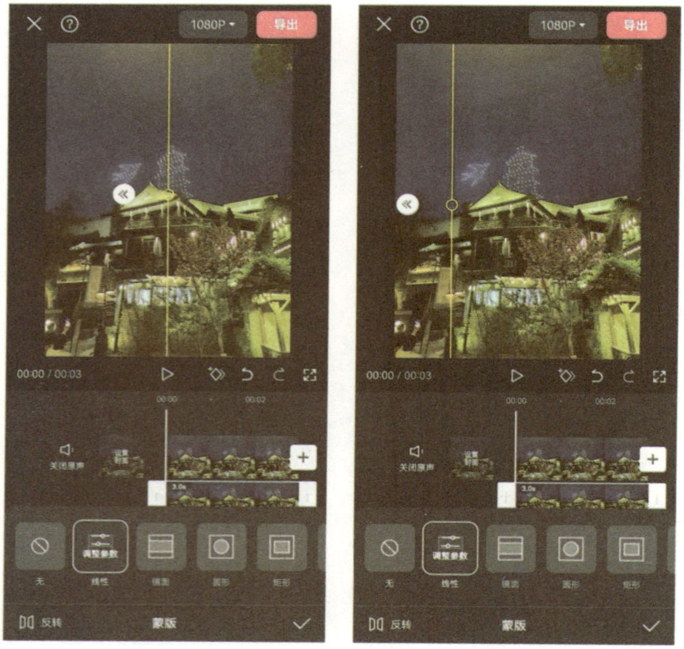

▲ 图 3-38

▲ 图 3-39

▲ 图 3-40

▲ 图 3-41

▲ 图 3-42

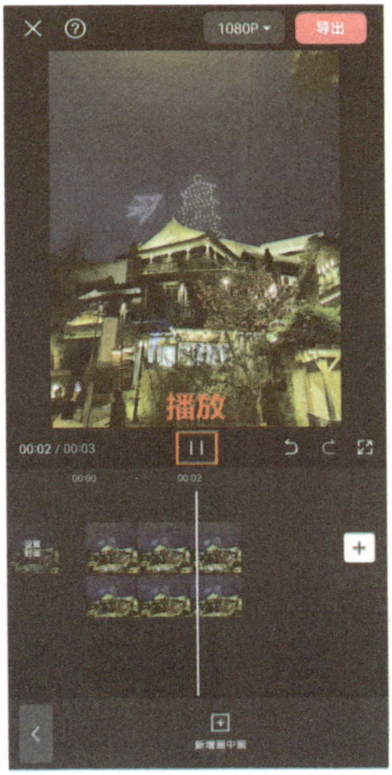

▲ 图 3-43

按钮，蒙版的线性添加成功，如图 3-41 所示；此时在时间轴区域 2 秒处点击“关键帧”按钮，添加另外一个关键帧，如图 3-42 所示。

5 在时间轴区域向左滑动视频至结尾，然后点击“播放”按钮，预览最终效果，如图 3-43 所示。

此外，还可以添加我们喜欢的音乐，让视频更有节奏感。2 秒后的画面是没有色彩变化的，可根据个人的需要选择是否使用分割工具来删除多余的视频片段，或继续重复上述操作使视频产生连续色彩变化。

我们可以把蒙版理解为遮挡原本时间轴（轨道）素材的一块板。制作短视频时要明确对哪个轨道上的视频使用“蒙版”效果。蒙版不会损伤原有视频或图片的效果。

7 鲜花调色

剪映的鲜花调色功能能够让花朵呈现出强烈的视觉冲击，为视频增添艳丽动人的色彩效果。具体操作步骤如下：

1. 导入准备好的鲜花视频素材，点击工具栏中的“调节”按钮，如图 3-44 所示。
2. 然后选择“亮度”选项，将参数调整为 3，选择“对比度”选项，将参数调整为 10，如图 3-45 所示。选择“饱和度”选项，将参数调整为 15，如图 3-46 所示。再选择“高光”选项，将参数调整为 5，选择“色温”选项，

▲ 图 3-44

▲ 图 3-45

▲ 图 3-46

▲ 图 3-47

▲ 图 3-48

▲ 图 3-49

将参数调整为 5，然后点击“√”按钮，如图 3-47 所示。此时视频轨道下方会出现一个“调节 1”的特效轨道，可以把特效轨道的长度调整到与视频轨道一样的长度，如图 3-48 所示。

3 点击“编辑”按钮，在页面中点击“滤镜→新增滤镜”，如图 3-49 所示；然后点击“风景”，选择“绿妍”滤镜效果，拖动视频，点击“√”按钮，如图 3-50

▲ 图 3-50

▲ 图 3-51

▲ 图 3-52

所示；回到剪辑页面后，可以看到特效轨道上面出现了“绿妍”轨道，将“绿妍”特效轨道拉到和视频一样的长度，如图 3-51 及图 3-52 所示。

此外，还可根据视频内容添加自己喜欢的音乐，让视频更有节奏感。

8 雪景调色

剪映 App 的雪景调色功能是专门为雪景视频设计的调色工具，能够帮助用户将灰蒙蒙的雪景变得清亮、纯净和洁白。通过使用这个功能，用户可以轻松调整视频的色调、亮度和对比度等参数，使雪景呈现出更加生动和清新的效果。具体操作步骤如下：

1 导入合适的雪景视频或照片素材，点击“调节”按钮，如图 3-53 所示，进入“调节”界面。

▲ 图 3-53

▲ 图 3-54

▲ 图 3-55

▲ 图 3-56

▲ 图 3-57

▲ 图 3-58

2. 选择“亮度”选项，拖拉白色圆形滑块，将参数调节至 9；选择“对比度”选项，拖拉白色圆形滑块，将参数调节至 10；选择“饱和度”选项，拖拉白色圆形滑块，将参数调节至 10，如图 3-54 所示。再选择“锐化”选项，拖拉白色圆形滑块，将参数调节至 15；选择“色温”选项，拖拉白色圆形滑块，将参数调节至 -35，然后点击“√”按钮，雪景调色就调好了，如图 3-55 所示。此时，视频轨道下方会出现一个“调节 1”的特效轨道，如图 3-56 所示。
3. 执行操作后，拖拉调节轨道右侧的白色拉杆，调整时间，使其与视频时间保持一致，如图 3-57 所示。
4. 返回并再次导入原素材，调整时长为 1 秒，如图 3-58 所示；点击转场按钮，如图 3-59 所示；在“搜索转场”的热门应用中选择“眨眼”效果进行转场，拖拉白色

▲ 图 3-59

▲ 图 3-60

▲ 图 3-61

圆形滑块，调整转场时长，如图 3-60 所示；转场添加成功，如图 3-61 所示。

9 渐变调色

剪映 App 的渐变调色功能是一种强大的工具，它允许用户在视频剪辑过程中实现色彩的自然过渡，为作品增添灵动感和层次感。具体操作步骤如下：

1. 导入一段美食相关的视频素材，拖动时间轴至其中间位置，选中视频，点击视频轨道上方的“关键帧”按钮，此时会自动生成一个关键帧，如图 3-62 所示。
2. 点击“滤镜”按钮，如图 3-63 所示；再点击“黑白”选项卡，选择“褐色”滤镜，向右拖拉“滤镜”界面下方的白色圆形滑块，参数调至 50，然后点击“√”按钮，如图 3-64 所示。

▲ 图 3-62

▲ 图 3-63

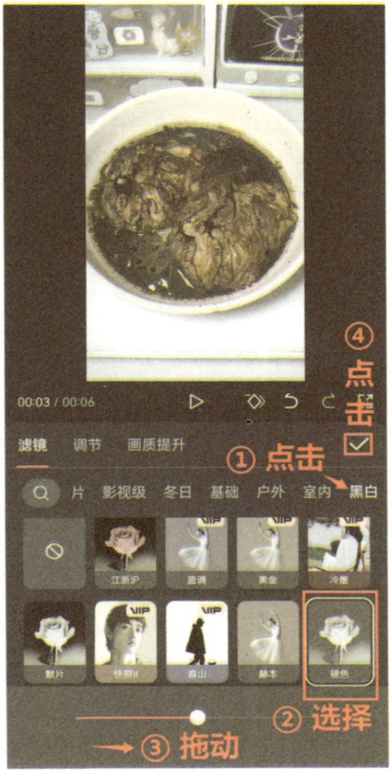

▲ 图 3-64

3 拖拉时间轴至视频轨道的合适位置，再次添加关键帧，如图 3-65 所示。

4 点击“黑白”选项卡，选择“褪色”滤镜，向左拖拉“滤镜”界面下方的白色圆形滑块，参数调至 0，然后点击“√”按钮，如图 3-66 所示。

5 点击“播放”即可浏览视频的渐变效果，如图 3-67 所示。

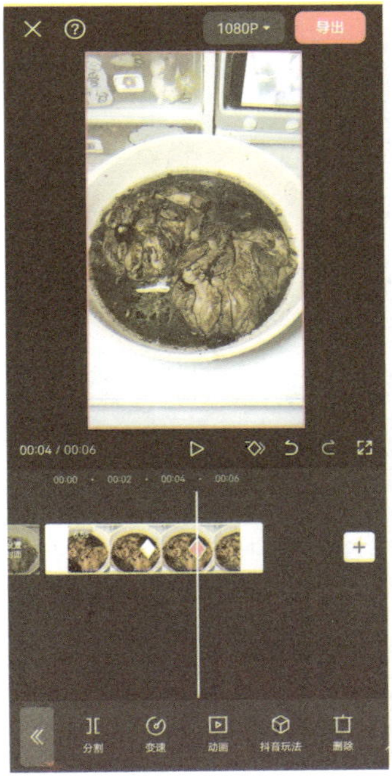

▲ 图 3-65

▲ 图 3-66

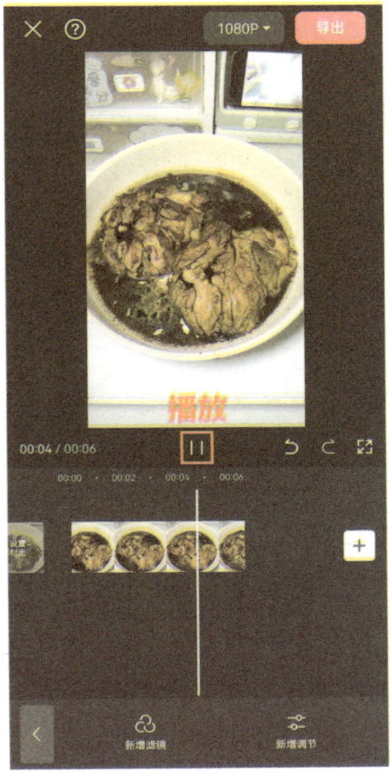

▲ 图 3-67

10 青橙调色

剪映 App 中的青橙色调，指的是一种巧妙结合青色与橙色的独特色彩风格。经过调色处理，视频画面将呈现出青、橙两色的和谐交融，其中，青色给人以冷静、清新的视觉感受，而橙色则赋予画面温暖而有活力的氛围。这种冷暖色调的鲜明对比，不仅增强了画面的层次感，更为视频增添了一番别具一格的艺术韵味。具体操作步骤如下：

1. 导入合适的视频或照片素材，选择视频轨道，拖拉时间轴至需要作对比的位置，点击“分割”按钮，如图 3-68 所示；点击转场按钮添加转场效果，如图 3-69 所示。
2. 进入转场界面，在“搜索转场”中选择“向右擦除”转场，转场效果添加成功，拖拉白色圆形滑块，调整转场时长为 1 秒，如图 3-70 所示。

▲ 图 3-68

▲ 图 3-69

▲ 图 3-70

▲ 图 3-71

3 选择前面分割后的第二段视频，点击“滤镜”按钮，在“搜索滤镜”中选择“松果棕”滤镜，拖拉白色圆形滑块，调节至合适的参数 71，如图 3-71 所示。

4 点击“调节”选项卡，进入“调节”界面。选择“亮度”选项，将参数调整为 -10；选择“饱和度”选项，将参数调整为 20，如图 3-72 所示。选择“光感”选项，将参数调整为 -5；

▲ 图 3-72

▲ 图 3-73

▲ 图 3-74

选择“锐化”选项，将参数调整为 15；点击“高光”选项，将参数调整为 -15；选择“色温”选项，将参数调整为 -15；选择“色调”选项，将参数调整为 20，然后点击“√”按钮，如图 3-73 所示。

5 执行操作后，可以看到青橙色调的效果，如图 3-74 所示。

11 蓝天白云调色

在剪映 App 中，蓝天白云是短视频剪辑中常用的调色，我们经常需要对视频中的天空进行剪辑，蓝天白云是短视频剪辑中备受青睐的调色方案。这种调色能够凸显出天空的湛蓝清澈与云朵的洁白纯净，为视频增添一抹自然与清新的色彩。具体操作步骤如下：

1 导入一段蓝天白云的视频素材，点击“调节”选项卡，进入“调节”界面，如图 3-75 所示。

2 选择“亮度”选项，将参数调整为 5；选择“对比度”

▲ 图 3-75

▲ 图 3-76

选项，将参数调整为 10；选择“饱和度”选项，将参数调整为 30；选择“光感”选项，将参数调整为 -10；选择“色温”选项，将参数调整为 -13，然后点击“√”按钮，应用调节效果，上述调节参数如图 3-76 所示。

3 执行操作后，拖拉调节轨道右侧的白色拉杆，调整时间，使其与视频时间保持一致，如图 3-77 所示。

▲ 图 3-77

12 日落调色

剪映 App 中的日落色调是一种专为营造夕阳或日落氛围而设计的调色功能。通过运用这一功能，用户可轻松将视频或图片调整为温暖的日落色调，使其呈现出夕阳余晖下的美丽与浪漫。具体操作步骤如下：

1 导入一段日落的视频或照片素材，选择“滤镜”选项卡，点击“风景”选项卡，选择“晚霞”滤镜，拖拉白色圆形滑块，调节参数为 50，如图 3-78 所示。

▲ 图 3-78

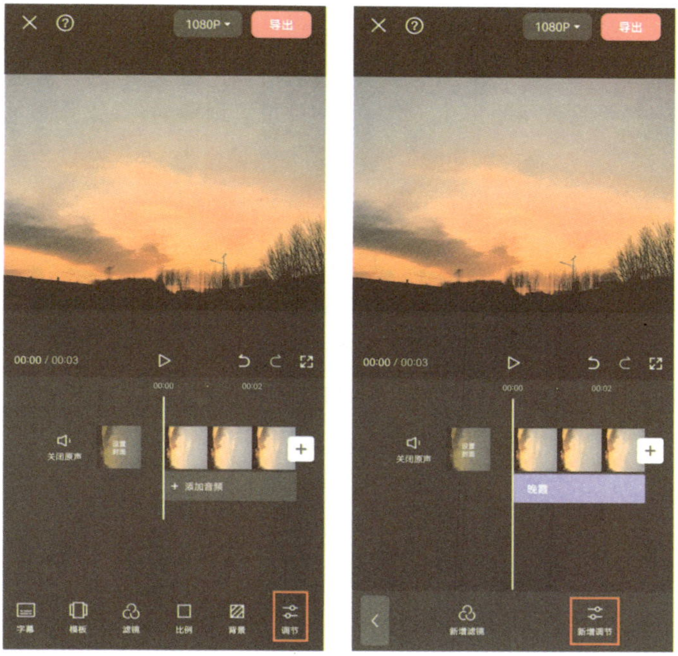

▲ 图 3-79

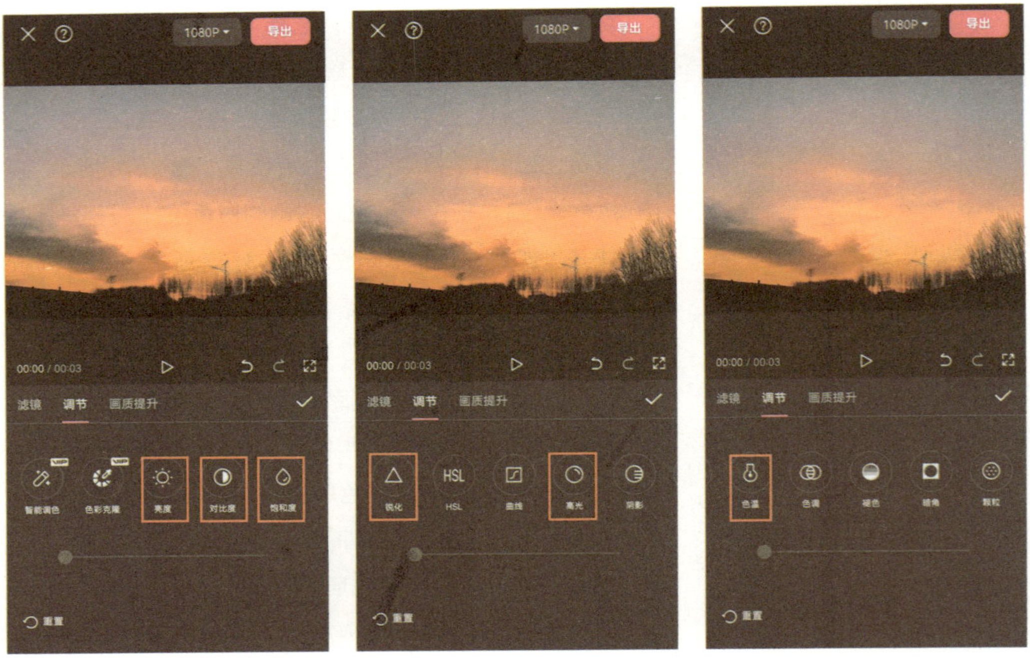

▲ 图 3-80

2 点击“调节”按钮，进入“调节”界面，选择“新增调节”按钮，如图 3-79 所示。再分别选择“亮度”选项，将参数调整为 5；选择“对比度”选项，将参数调整为 5；选择“饱和度”选项，将参数调整为 15；选择“锐化”选项，将参数调整为 30；选择“高光”选项，将参数调整为 5；选择“色温”选项，将参数调整为 -15；选择“色调”选项，将参数调整为 25。然后点击“√”按钮，应用调节效果，如图 3-80 所示。

3 执行操作后，拖拉调节轨道右侧的白色拉杆，调整时间，使其与视频时间保持一致，如图 3-81 所示。

▲ 图 3-81

第四章 音效和音乐：增强场景的真实感和沉浸感

剪映App在音效和音乐方面为用户提供了丰富的音频素材和强大的编辑功能。用户可根据视频内容，轻松选择适合的音效和音乐，为视频增添氛围和情感。如音效库中的瀑布声、蝉鸣、鸟鸣等自然声音，以及各类音乐曲目，都能让视频更加生动、引人入胜。同时，剪映还支持音频的剪辑、淡入淡出、音量调节等高级编辑功能，让你的视频的音频效果更加专业、出色。

新手学习重点：

1. 音效与音乐的添加
2. 音效与音乐的编辑
3. 掌握踩点技巧
4. 掌握人声处理方法

▲ 图 4-1

▲ 图 4-2

▲ 图 4-3

1 添加音乐，导入背景音乐

在视频中添加合适的背景音乐，可以增强听觉效果、提高趣味性、有效地传达情感。具体操作步骤如下：

1. 导入一段照片或视频素材，点击“关闭原声”，点击“音频”，如图 4-1 所示。

2. 在下方的工具栏点击“音乐”，选择“纯音乐”，如图 4-2 所示。选择喜欢的音乐，点击

▲ 图 4-4

“使用”，然后点击创作页面右上角的“导出”按钮，添加背景音乐就完成了，生成一条音频轨道，如图 4-3 所示。

2 抖音音乐收藏，帮你快速上热门

剪映与抖音音乐收藏功能的结合，为用户带来了前所未有的便捷体验。通过剪映的强大编辑功能，用户可以轻松地将抖音 App 中收藏的热门音乐一键添加到自己的视频中，为作品增添动感和魅力。

无论是时尚潮流的流行歌曲，还是温馨感人的经典旋律，都能通过剪映的精准剪辑和抖音音乐收藏的丰富资源，为视频注入无限活力和情感。这种音乐与视频无缝衔接的结合，不仅让创作过程更加简单高效，还能让观众在享受美妙音乐的同时，更加深入地感受到视频所传达的情感和故事。具体操作步骤如下：

1. 在抖音 App 中找到喜欢的音乐或视频，点击

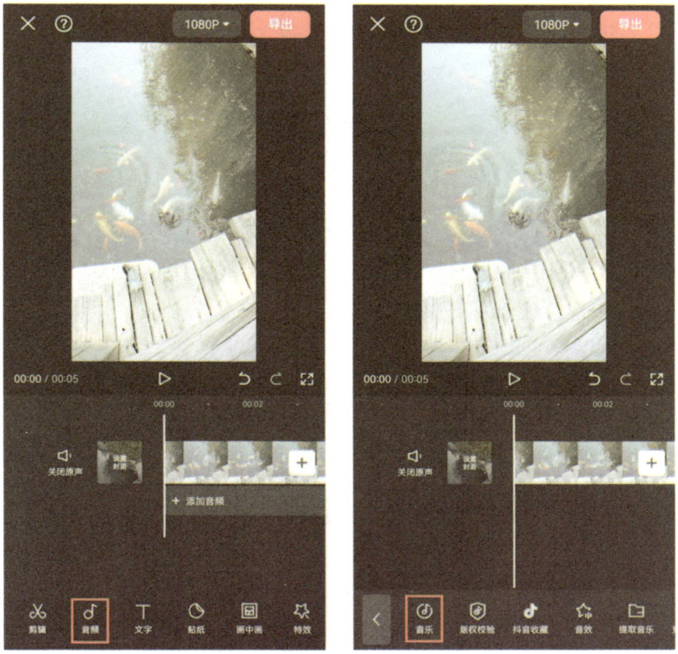

▲ 图 4-5

右下角的音乐转盘或“分享”按钮，选择“收藏”功能就可以成功收藏这段音乐或视频，如图 4-4 所示。

2 首先，导入一段合适的照片或视频素材，点击“音频→音乐”选项，如图 4-5 所示。

3 点击“抖音收藏”选项卡（这时，需要确保已经登录了与抖音相同的账号，以便剪映能够访问抖音收藏），选择收藏的第一首音乐，点击“使用”按钮，即可将抖音收藏的音乐添加到剪映的作品中，如图 4-6 所示。

▲ 图 4-6

3 复制链接，一键获取抖音热门音乐

除了上述提到的添加抖音 App 中收藏的背景音乐，还可以直接复制热门的背景音乐链接在剪映 App 中下载使用。具体操作步骤如下：

1 在抖音 App 中发现喜欢的背景音乐后，点击右下角的“分享”按钮；然后点击“复制链接”

▲ 图 4-7

按钮，如图 4-7 所示。

2 导入合适的视频或照片素材，点击“音频”按钮，点击“音乐”按钮，进入“添加音乐”界面，如图 4-8 所示。点击“导入音乐”选项卡，在文本框中粘贴在抖音 App 复制的音乐链接，然后点击下载按钮进行背景音乐下载；下载完成后，点击“使用”按钮，如图 4-9 所示。

3 执行操作后，可以看到添加的音频轨道效果，

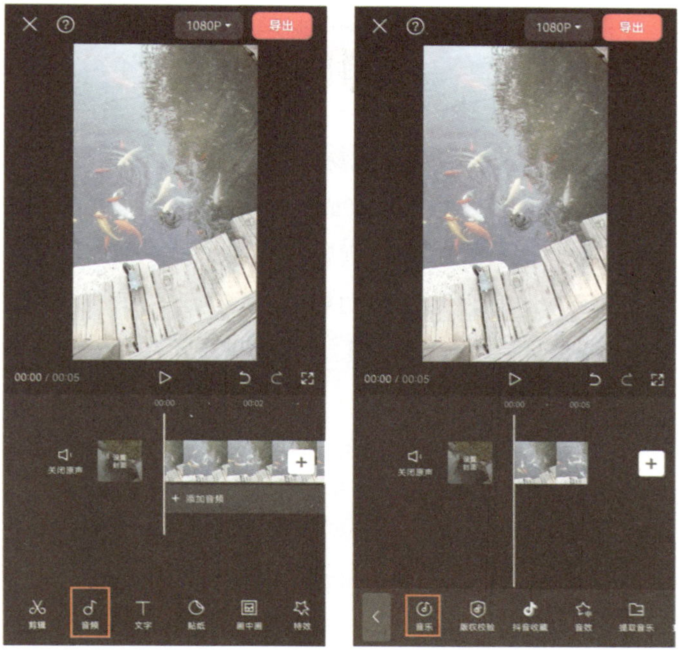

▲ 图 4-8

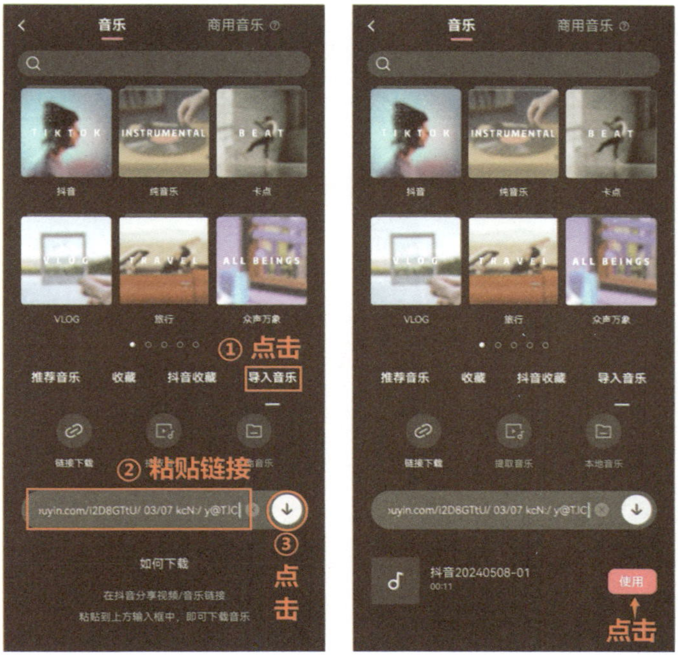

▲ 图 4-9

▲ 图 4-10

如图 4-10 所示；拖拉音频轨道右侧的白色拉杆，调整音频时长，使其与视频时长保持一致，如图 4-11 所示。

▲ 图 4-11

4 添加音效，增强视频感染力

音效是视频剪辑中不可或缺的一部分，它能够为视频增添更多的情感和氛围，使视频内容更加丰富多彩。在剪映中添加音效，可以让创作者更好地表达自己的想法和情感，提升视频的观看体验和吸引力。在剪映中添加音效的步骤如下：

1. 导入一段合适的视频素材，将时间轴拉到自己想要添加音效的位置，如图 4-12 所示。
2. 点击页面底部的“音效”选项（这里提供了丰富的音效分类，如综艺、笑声、机械、背景音乐等），可以根据需求选择。找到自己想要的音效后，以“哇呜”为例，然后点击“使用”按钮，如图 4-13 所示。

▲ 图 4-12

▲ 图 4-13

▲ 图 4-14

▲ 图 4-15

3. 音效成功添加到视频中后，可通过调整“音量”“淡入淡出”“分割”“删除”“变速”“复制”等功能对音效进行进一步的美化和装饰，如图 4-14 所示。
4. 最后，点击右上角的“导出”按钮，就可以将添加了音效后的视频保存到手机，如图 4-15 所示。

5 提取音乐，轻松导入视频音乐

如果用户认为其他短视频中的背景音乐好听，可以先将其保存到手机上，然后通过剪映 App 来提取短视频中的背景音乐，再将其应用到自己的短视频中。具体操作步骤如下：

1. 导入一段合适的视频素材，将时间轴拉到视频的开头，点击“提取音乐”按钮，如图 4-16 所示。
2. 进入“照片视频”界面，选择需要提取背景音乐的素材，然后点击“仅导入视频的声音”按钮，如图 4-17 所示；执行操作后拖拉音频轨道右侧的白色拉杆，调

▲ 图 4-16

▲ 图 4-17

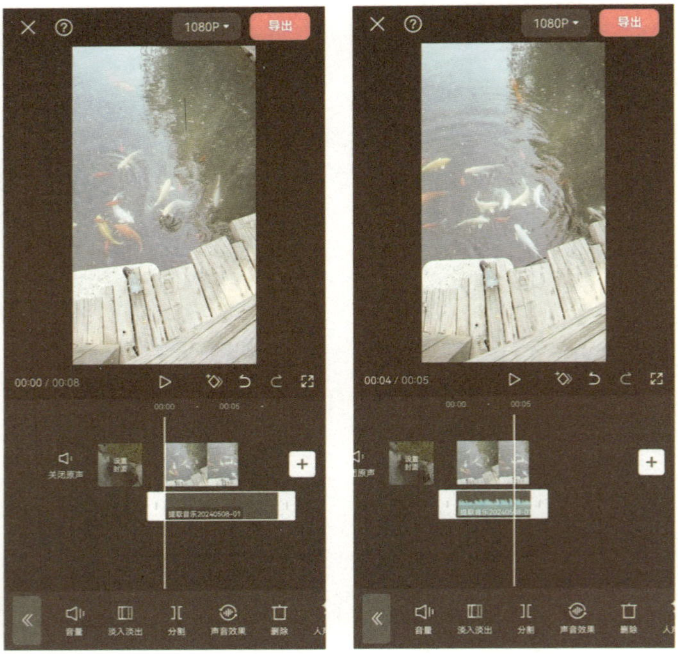

▲ 图 4-18

整音频时长，使其与视频时长保持一致，如图 4-18 所示。

3 选择音频轨道，点击“音量”选项，拖拉白色圆形滑块，调节至合适的音量，然后点击“√”按钮，如图 4-19 所示。

4 最后，点击右上角的“导出”按钮，就可将添加了音乐后的视频保存到手机，如图 4-20 所示。

▲ 图 4-19

▲ 图 4-20

6 克隆音色，增添个性化的语音元素

剪映的克隆音色功能是一个先进的音频处理技术，允许用户通过录制自己的声音来生成一个与原始声音高度相似的克隆音色。这一功能对于需要频繁使用特定音色的用户，尤其是那些不希望每次都亲自录制音频的用户来说，提供了极大的便利。以下是剪映克隆音色的具体操作方法：

1. 导入合适的视频或照片素材，点击“克隆音色”功能，进入操作界面，如图 4-21 所示。
2. 点击“开始克隆”按钮后，系统会提示录制一段例句，按照提示，朗读给出的例句；提交录制好的例句后，系统会在 5 ～ 10 秒完成语音克隆，生成“音色 01”，如图 4-22 所示。
3. 点击“音色 01”，录制一段和视频匹配的文字，以“河里的锦鲤真大”为例，点击“应用”按钮，即可生成一段属于自己音色的录音，如图 4-23 所示。
4. 可根据需要调整音量，拖拉白色圆形滑块，调节至合适的音量，以达到最佳效果，如图 4-24 所示。

▲ 图 4-21

▲ 图 4-22

▲ 图 4-23

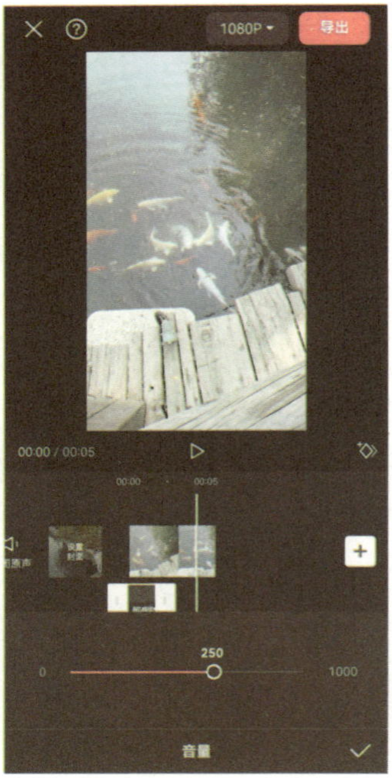

▲ 图 4-24

7 录音功能，为视频添加旁白

剪映的录音功能可以为视频添加旁白，为视频内容增添解释、情感或氛围。以下是使用剪映的录音功能为视频添加旁白的具体操作方法：

1. 导入想要添加旁白的视频或照片素材，找到并点击“录音”功能，如图 4-25 所示。
2. 长按“录音”按钮，开始录制声音（可以根据视频内容开始录制旁白，以确保声音清晰、音量适中，并根据需要适时停顿或调整语速），直到录音结束再松开手，点击“关闭原声”按钮，如图 4-26 所示。
3. 录音完成后，可以对录音进行编辑和调整。例如，可以通过“音量”按钮调整录音的音量大小；通过“淡入淡出”按钮调整一段录音开头和结尾的声音大小；通过“分割”按钮剪辑掉不需要的部分；通过“声音效

▲ 图 4-25

果”按钮选择合适的音色、场景音、声音成曲等效果；点击“删除”按钮即可删除所选中的音频；点击“变速”按钮可适当提高语速或减缓语速；点击“音频降噪”按钮可减少杂音；点击“复制”按钮可复制所选中的音频。音频调整好后，即可通过拖动录音条来调整录音在视频中的位置，如图4-27所示。

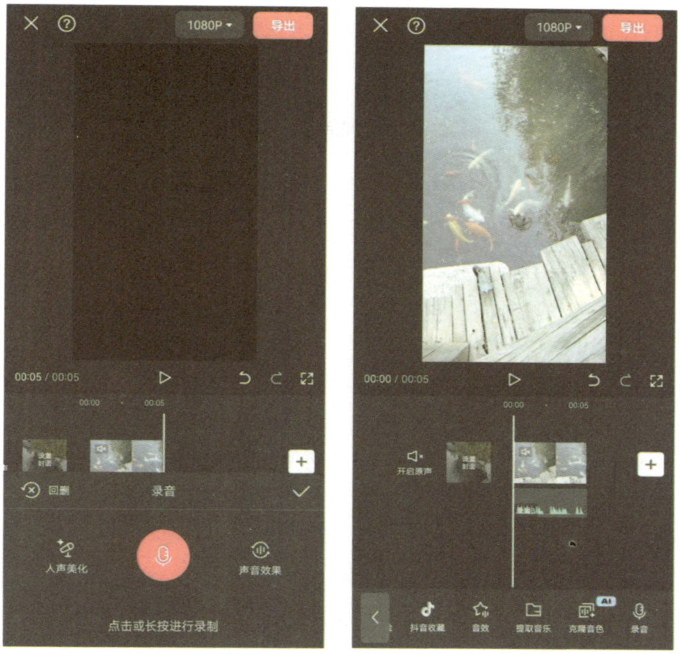

▲ 图 4-26

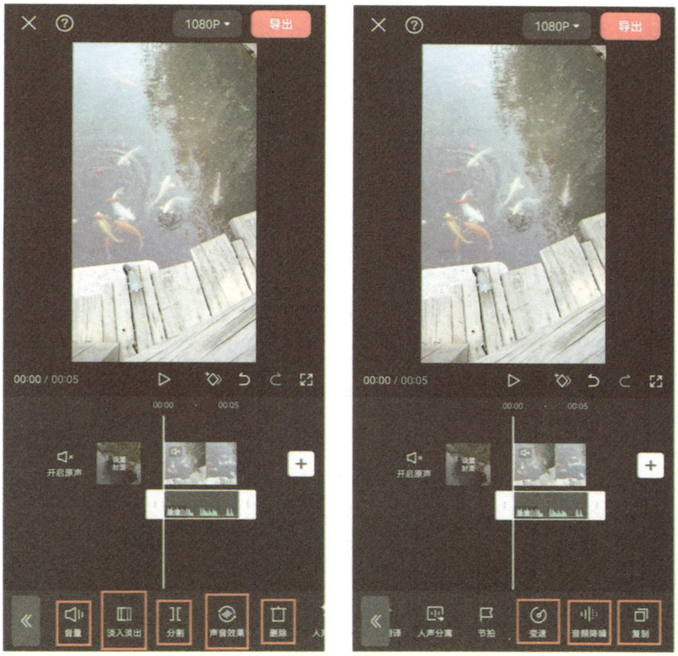

▲ 图 4-27

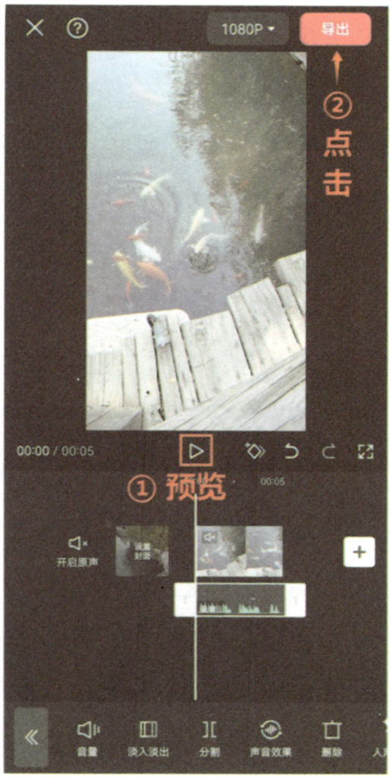

▲ 图 4-28

4 完成上述步骤后，点击“播放”来预览视频以检查旁白的效果。如果需要，还可进一步调整录音或视频的其他参数，以达到最佳效果。确认无误后，点击“导出”按钮，将带有旁白的视频保存到手机或分享到其他平台，如图 4-28 所示。

▲ 图 4-29

8 淡入淡出，让视频播放更平稳

在剪映 App 中设置音频淡入淡出后，可以让短视频中背景音乐的呈现显得不那么突兀，使视频播放更平稳，给观众带来更加舒适的视听感。具体操作步骤如下：

1 导入想要添加旁白的视频或照片素材，点击“音乐”按钮，选择“卡点”音乐选项卡，如图 4-29 所示；点击“使用”，添加选中的背景音乐，拖拉音频轨道右侧的白色拉杆，调整音频时长，使其与视频时长保持一致，如图 4-30 所示。

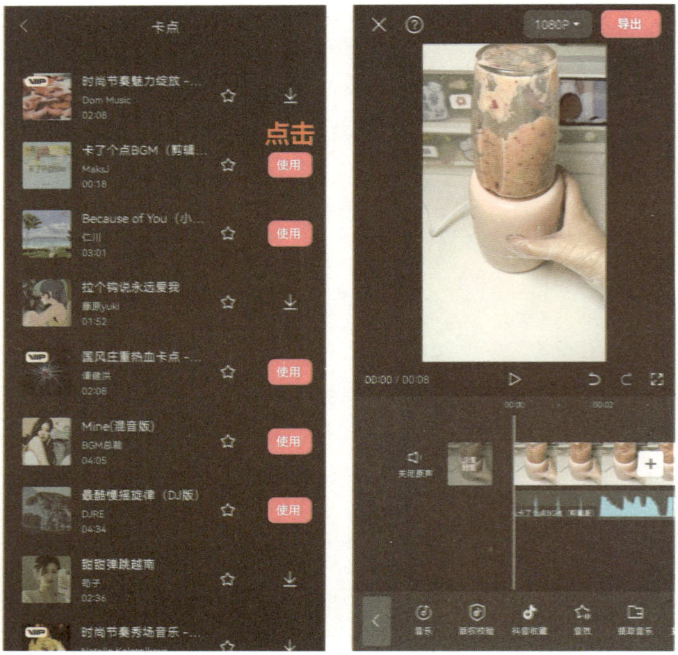

▲ 图 4-30

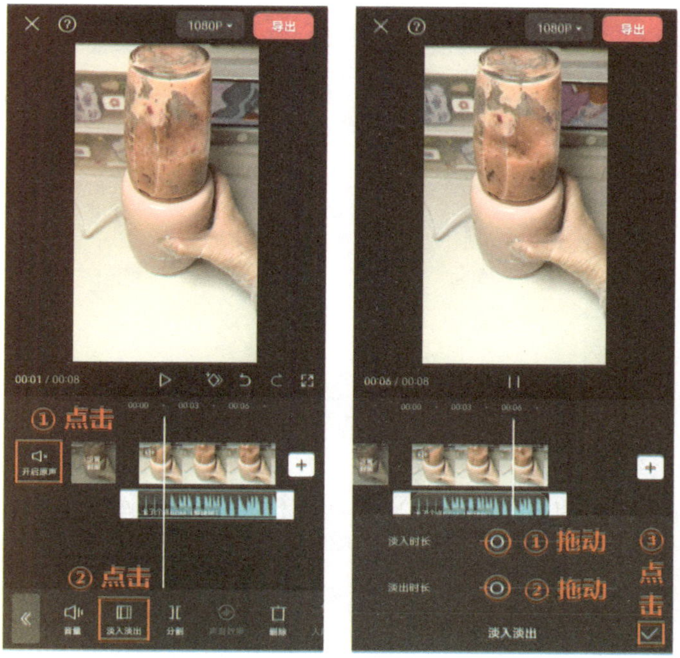

▲ 图 4-31

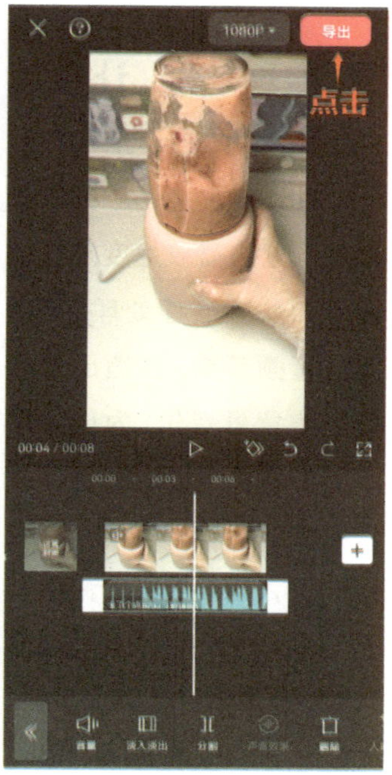

▲ 图 4-32

2 点击“关闭原声”按钮，选择音频轨道，然后点击“淡入淡出”按钮，进入“淡入淡出”界面，拖拉“淡入时长”右侧的白色圆形滑块至合适的参数，比如 1 秒；然后拖拉“淡出时长”右侧的白色圆形滑块至合适的参数，比如 1 秒，最后点击“√”按钮，如图 4-31 所示。

3 执行操作后，音频轨道的两段会呈现圆弧形效果，预览无误后即可导出视频，如图 4-32 所示。

9 变速功能，让视频内容更生动

使用剪映 App，可以轻松对音频的播放速度进行放慢或加快等变速处理，灵活调整音频节奏，打造出独具特色的背景音乐，为作品增添更多创意与个性。具体操作步骤如下：

1. 导入想要添加音频的视频或照片素材，关闭原声，点击“音频”按钮，添加合适的背景音乐，仍然以“卡点”音乐

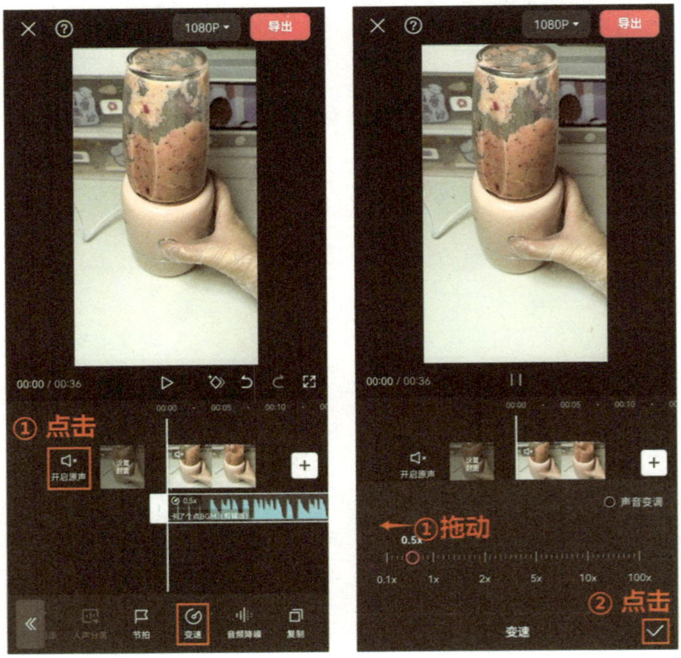

▲ 图 4-33

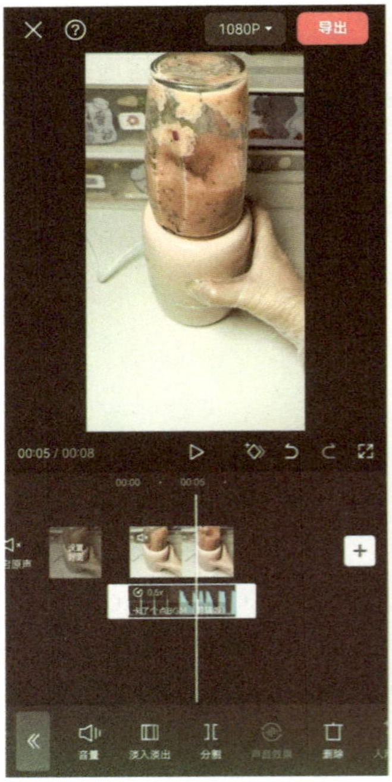

▲ 图 4-34

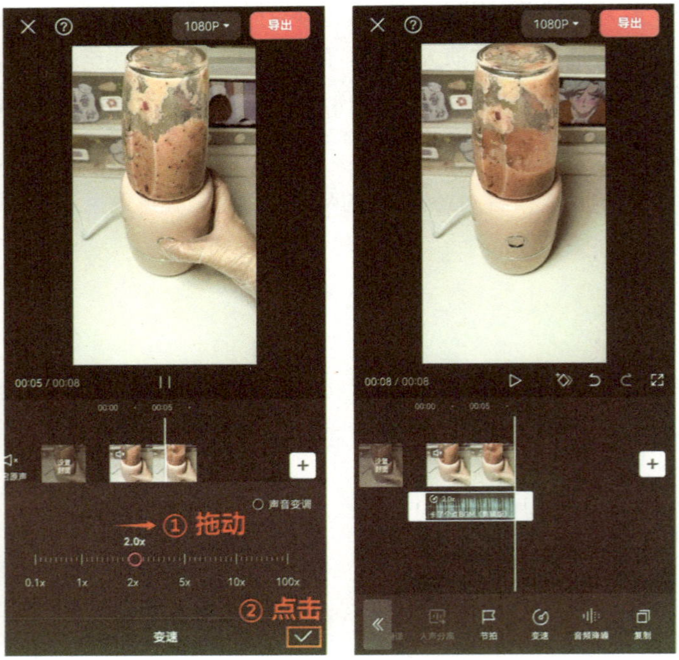

▲ 图 4-35

为例，选择音频轨道，然后点击“变速”按钮，进入“变速”界面，向左拖拉红色圆形滑块，即可放慢音频速度，增加音频时长，然后点击“√”按钮，如图 4-33 所示；拖拉音频轨道右侧的白色拉杆，调整音频时长，使其与视频时长保持一致，如图 4-34 所示。

2 向右拖拉红色圆形滑块，即可加快音频速度，缩短音频时长，然后点击“√”按钮，拖拉音频轨道右侧的白色拉杆，调整音频时长，使其与视频时长保持一致，如图 4-35 所示。

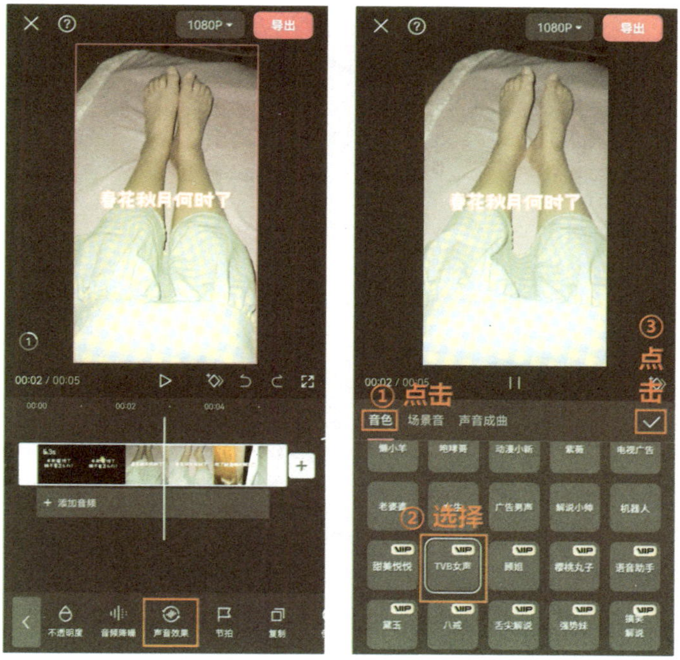

图 4-36

10 变声变调，让声音更有趣

通过剪映 App 的声音变调功能给短视频增加一些变声、变调特效，不仅能让声音效果更富趣味性，还能轻松实现各种独特的声音效果，为视频内容增色添彩。具体操作步骤如下：

1 导入含有人声的视频素材，直接选择视频轨道，然后点击“声音效果”按钮，点击“音色”选项卡，选择“TVB 女声”，然后点击“√”按钮，如图 4-36 所示。

2 选择变声后的视频轨道，然后点击“变速”按钮，点击“常规变速”按钮，如图 4-37 所示；进入“变速”界面，向右拖拉红色圆形滑块，将音频的播放速度设置为 1.3×，然后点击“声音变调”按钮，最后点击“√”按钮，如图 4-38 所示。

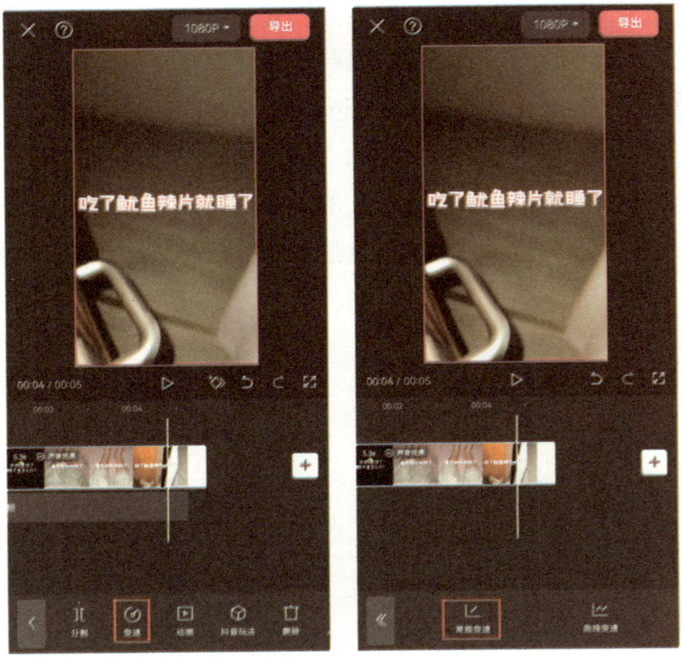

▲ 图 4-37

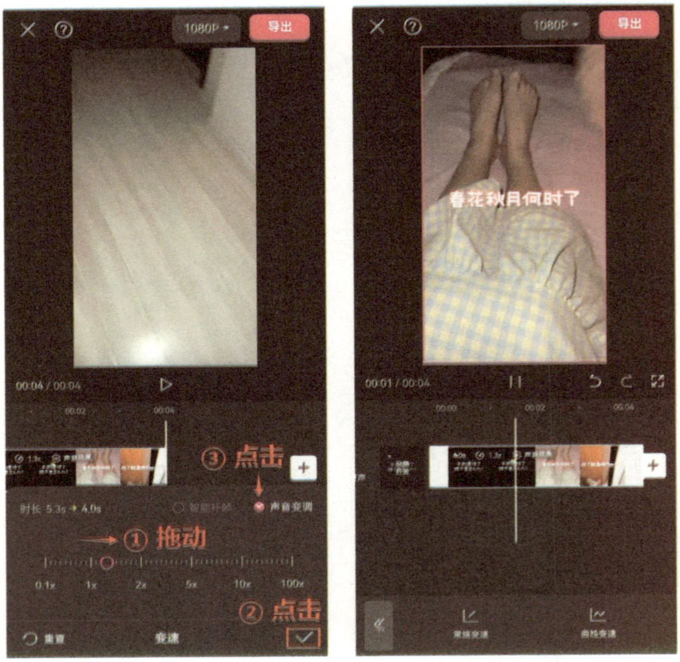

▲ 图 4-38

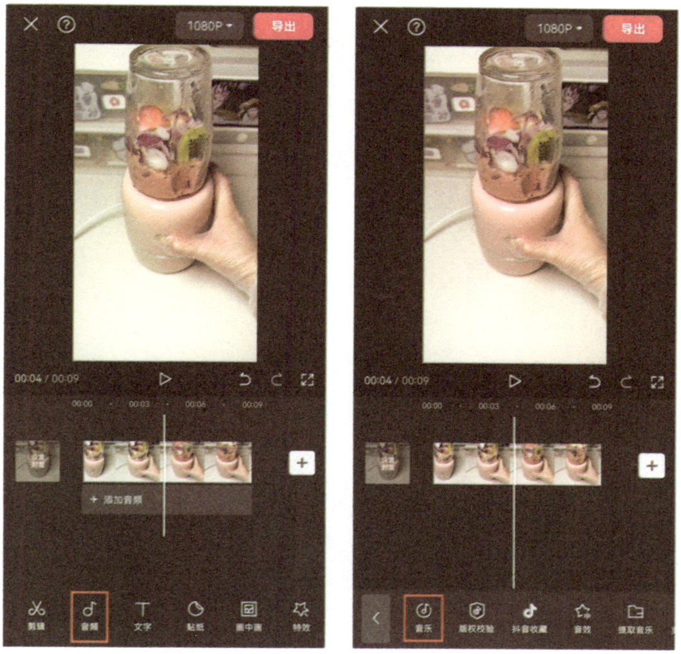

▲ 图 4-39

11 音乐踩点，增加视频节奏感

卡点短视频以其强烈的节奏感和趣味性深受许多人的喜爱。接下来，让我们一起学习如何使用剪映的音乐踩点功能，轻松打造独具特色的卡点短视频。具体操作步骤如下：

1. 导入一段合适的视频或图片素材，在工具栏中先后点击“音频”“音乐”按钮，如图 4-39 所示；在音乐界面的搜

▲ 图 4-40

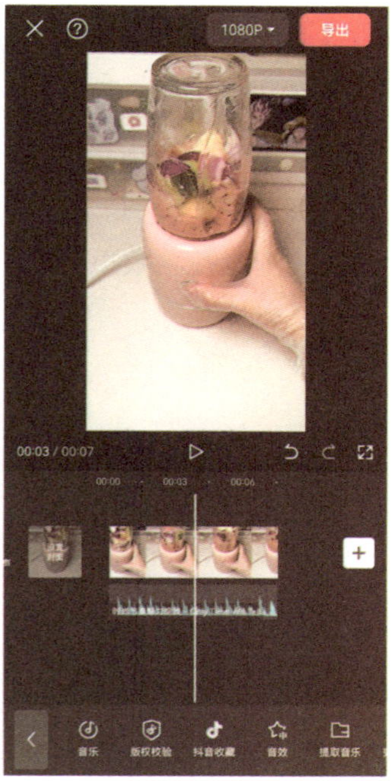

▲ 图 4-41

索栏中搜索卡点音乐，选择一首合适的“卡点”音乐，点击“使用”按钮，如图 4-40 所示；此时所选的“卡点”音乐会出现在音频轨道上，调整音频时长，使其与视频时长保持一致，如图 4-41 所示。

2 选择音频轨道上的音频，点击工具栏中的“节拍”按钮，打开“自动踩点”开关，在弹出的页面中点击“+ 添加点”按钮，如图 4-42 所示；这时，音频轨道下面将会出现一些节点，如图 4-43 所示；

3 踩点视频制作完成，点击“播放”按钮，播放浏览视频效果，如图 4-44 所示。

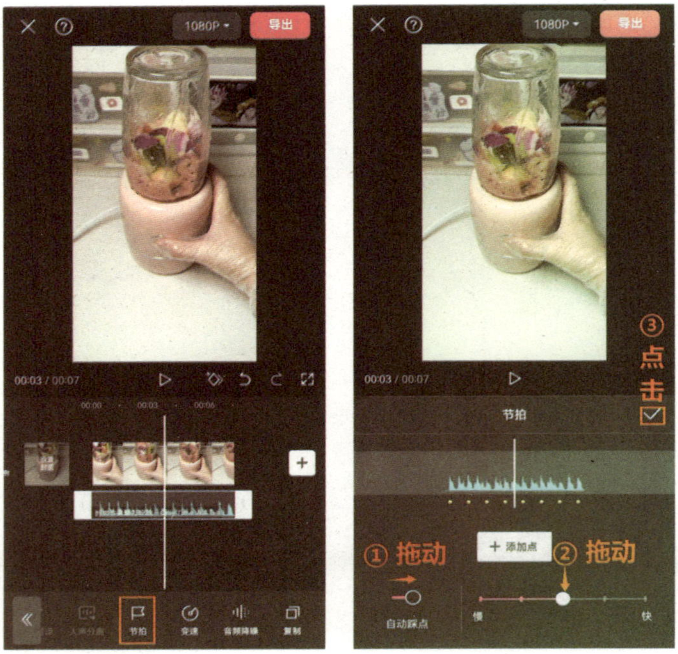

▲ 图 4-42

▲ 图 4-43

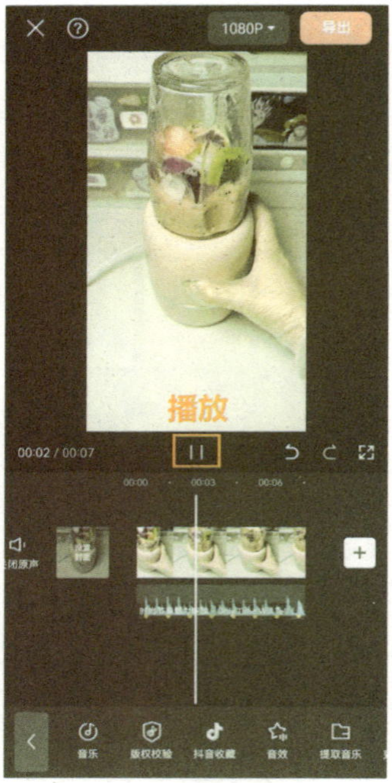

▲ 图 4-44

第五章 字幕：提高视频理解与接受度

剪映的字幕功能为用户提供了丰富的字幕编辑体验。通过字幕功能，用户可以轻松添加、编辑和调整字幕，使视频内容更加生动有趣。字幕可以自定义样式、颜色、字体和大小，以匹配视频的主题和风格。同时，剪映还支持动态字幕效果，如滚动、渐变和动画等，为视频增添动态感和视觉冲击力。无论是添加简单的文字说明，还是打造专业的字幕效果，剪映都能满足你的需求，让你的视频内容更加丰富多彩。

新手学习重点：

1. 字幕编辑与修改
2. 学会调整字幕样式
3. 设置字幕动态效果
4. 灵活应用智能文案

1 新建字幕，展示视频内容

剪映中的字幕功能在辅助传达信息、提高观看体验、增加粉丝互动，以及增强视频效果等方面发挥着重要作用。因此，在编辑视频时，合理运用字幕功能可以大大提升视频的质量和吸引力。在剪映中新建字幕的具体步骤如下：

1 导入一段视频素材，点击工具栏的“文字”；选择“新建文本”功能，

▲ 图 5-1

▲ 图 5-2

▲ 图 5-3

开始添加字幕，如图 5-1 所示；在此处输入“森林”2 个字的文案，以“森林”二字选择黄色“样式”为例，然后根据需求调整字幕的位置、字体、颜色、大小等属性，如图 5-2 所示。

2 完成字幕的编辑和调整后，可以点击播放按钮预览效果，如果对文字效果不满意，可以继续进行修改，如图 5-3 所示。

3 确认字幕效果满意后，点击右上角的“导出”按钮，即可将添加字幕后的视频保存到手机相册或分享到其他平台，如图 5-4 所示。

▲ 图 5-4

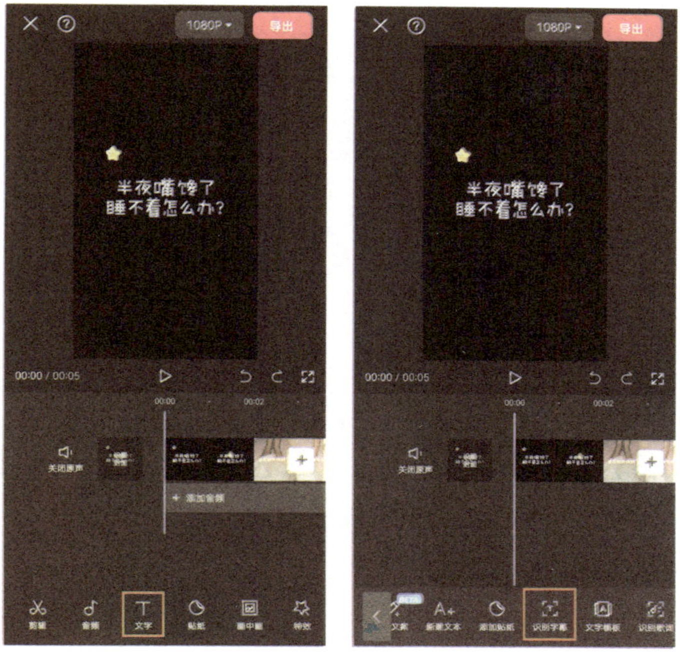

▲ 图 5-5

2 自动识别字幕，调整字幕样式

对于讲解类视频，手动添加字幕非常不方便，而剪映 App 可根据音频自动生成字幕。具体操作示例如下：

1 导入一段视频素材，先后点击工具栏中的“文本→识别字幕”，如图 5-5 所示；选择“全部”选项卡，将“标记无效片段”后的圆形滑块滑到最右侧，点击“开始

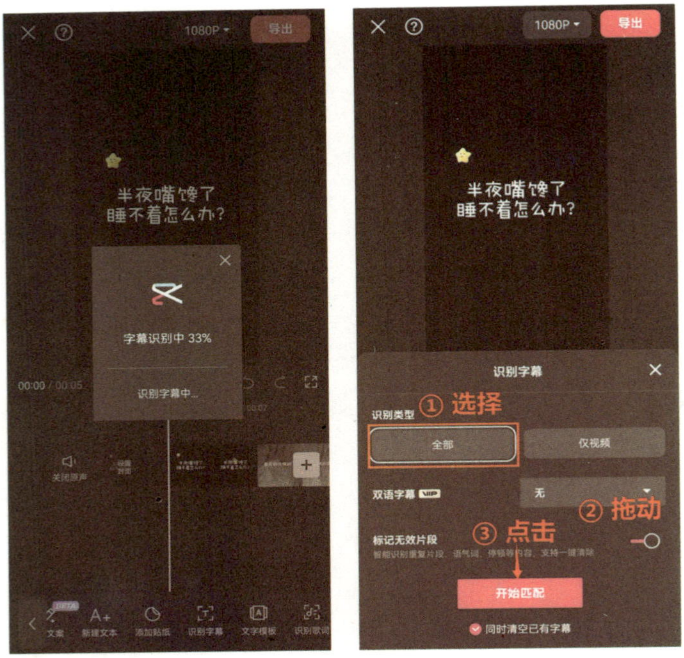

▲ 图 5-6

匹配”按钮，如图 5-6 所示。

2 匹配完成后，视频下方会生成字幕轨道，但通过音频识别的字幕可能会出现文字错误的情况，可以选中字幕，通过下方工具栏中的“编辑字幕”选项卡，批量修改错别字，如图 5-7 所示。错别字修改完成后，即可导出最终的视频文件。

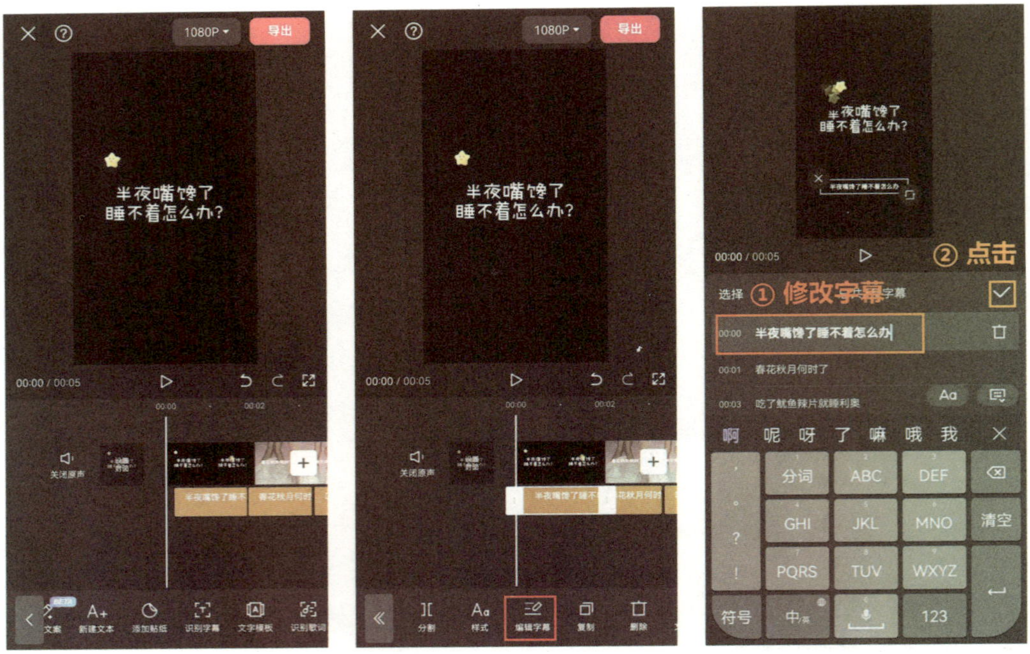

▲ 图 5-7

3 弹窗字幕，显示提示信息

在剪映中，弹窗字幕是一种特殊的字幕效果，它可以以弹窗的形式出现在视频中，通常用于强调某些关键信息或增加视频的趣味性。下面介绍弹窗字幕的制作方法与步骤，具体如下：

1. 导入一段视频素材，点击“文字”按钮，然后点击“新建文本”按钮，如图 5-8 所示。

▲ 图 5-8

2. 输入文字“下班很匆忙，别错过黄昏跟夕阳”，选择字体，点击“√”按钮；点击“文字模板”选项卡，选择“港风”，选择想要的文字风格，点击“√”按钮，如图 5-9 所示；调整字幕时长，使其与视频时长保持一致，如图 5-10 所示。
3. 将时间轴调到字幕的起始点，选中字幕，点击“动画”，在“入场”选项卡下选择“弹入”，

▲ 图 5-9

▲ 图 5-10

▲ 图 5-11

拖动设置时间为 1 秒，然后点击"√"按钮，即可在字幕轨道上添加一个弹窗字幕，如图 5-11 所示。

4 用同样的方法再制作其他弹窗，然后点击"播放"按钮，浏览视频效果，如图 5-12 所示。

▲ 图 5-12

4 溶解文字，制作文字消散效果

剪映的溶解文字功能是一种独特的文字动画效果，它可以让文字在视频中以溶解的方式出现或消失，为视频内容增添生动有趣的视觉效果。通过这个功能，用户可以根据需要调整文字的溶解速度、程度和动画效果，使文字与视频内容更加和谐地融合在一起。下面介绍如何使用剪映的溶解文字功能制作文字消散效果，具体步骤如下：

1 打开剪映，导入一段视频素材，点击“文字”按钮，然后点击“新建文本”按钮，如图5-13所示；输入“和你一起去青海，在蓝天白云下做最美的梦”的文字，点击“√”按钮，出现字幕轨道；调整字幕轨道时长，使其与视频时长保持一致，如图5-14所示。

▲ 图5-13

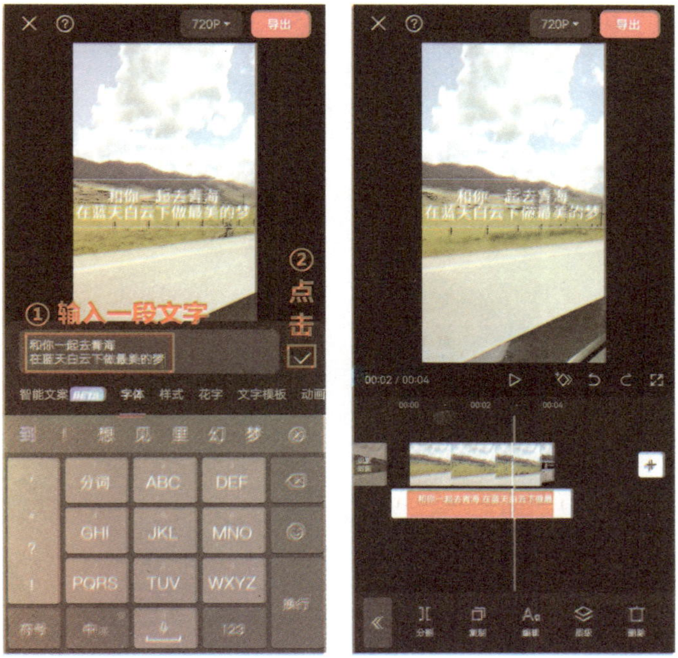

▲ 图5-14

2 选中文字，在工具栏找到“动画”按钮，点击“动画”，再点击“入场”，选择“缩小Ⅱ”选项，拖动设置时长为1秒，点击“√”按钮，如图5-15所示；点击“动画”，再点击“出场”按钮，选择“溶解”选项，拖动设置时长为1秒，点击“√”按钮，如图5-16所示。

▲ 图 5-15

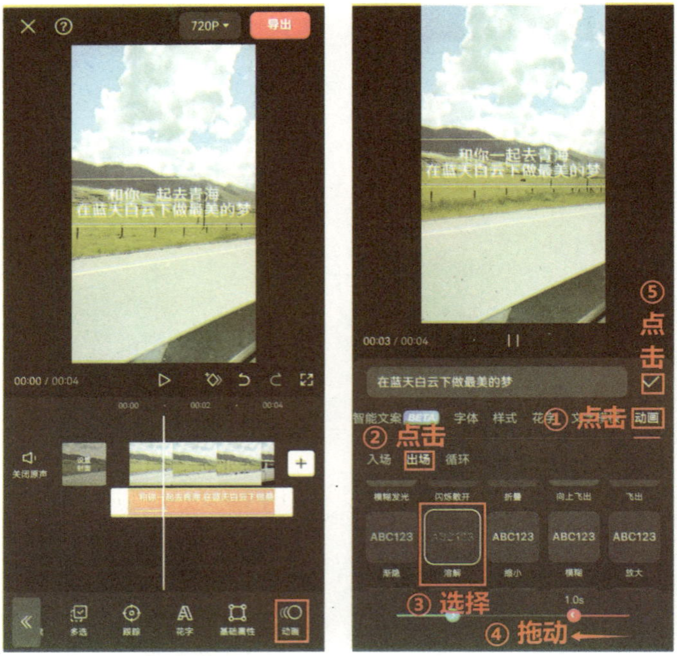

▲ 图 5-16

▲ 图 5-17

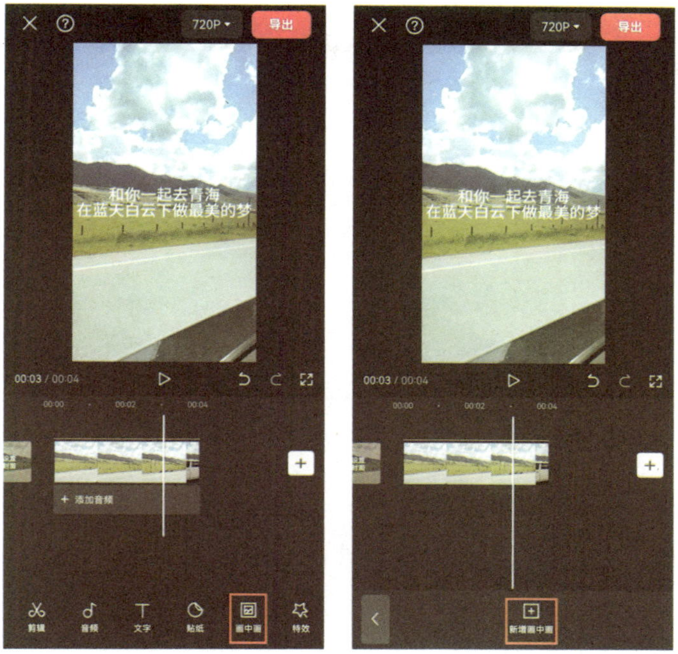

▲ 图 5-18

3 返回上一级菜单，把时间轴移到字幕即将消失的位置，如图 5-17 所示；先后点击“画中画→新增画中画”按钮，如图 5-18 所示；点击“素材库”按钮，在搜索栏输入“烟雾”字样，选择一个合适的“烟雾”素材，点击“添加”按钮，如图 5-19 所示。

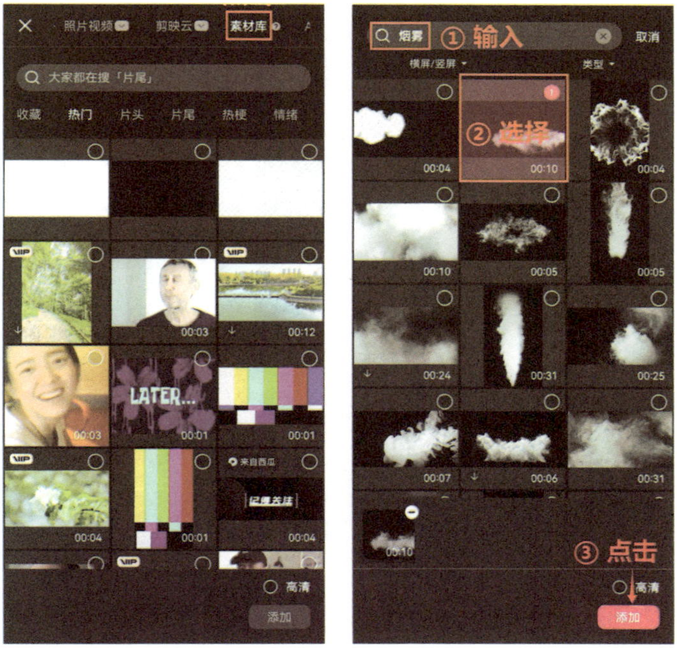

▲ 图 5-19

4 将“烟雾”素材移动到合适的位置，如图 5-20 所示；点击“混合模式”按钮，选择“滤色”选项，拖动白色圆形滑块，然后点击“√”按钮，如图 5-21 所示。

5 至此，视频的溶解文字效果制作完成，点击“播放”按钮，即可浏览视频效果，如图 5-22 所示。

▲ 图 5-20

▲ 图 5-21

▲ 图 5-22

5 识别歌词，添加歌词字幕

为歌曲类视频配上文字时，需要把歌词做成字幕，如果采用手动录入字幕就太麻烦了，使用剪映的识别歌词功能，可以将音频中的歌词内容提取出来。值得注意的是，剪映的识别歌词功能目前只支持识别中文歌词，所以要选择中文歌曲。具体操作步骤如下：

1. 导入一段视频素材，点击“音频”按钮，再点

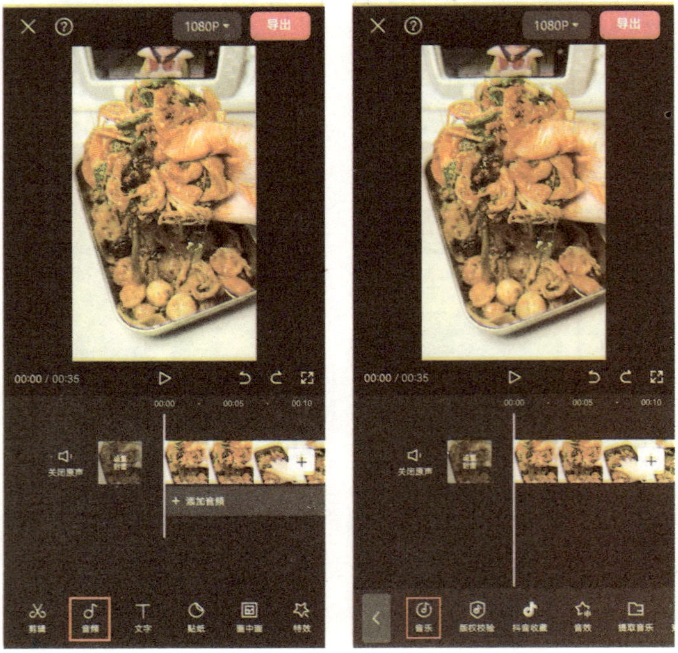

▲ 图 5-23

▲ 图 5-24

▲ 图 5-25

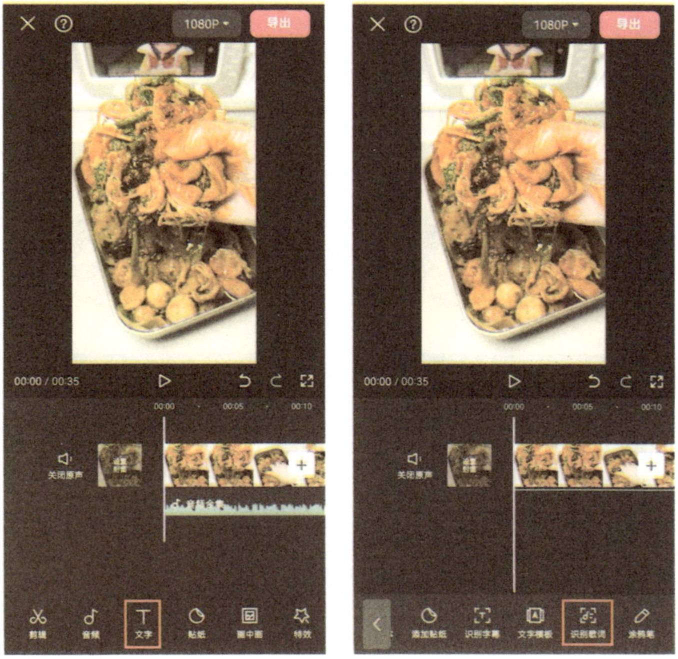

▲ 图 5-26

击“音乐”按钮，如图 5-23 所示；选择“抖音”选项卡，选择合适的音乐，点击“使用”，如图 5-24 所示；此时视频轨道下方会生成一段音频轨道，如图 5-25 所示。

2 点击工具栏中的“文字”按钮，再点击“识别歌词”按钮，如图 5-26 所示；点击“同时清空已有歌词”，再点击“开始匹配”按钮，系统开始自动识别，识别完成后，

▲ 图 5-27

▲ 图 5-28

视频轨道下面添加了一个文字轨道，文字轨道中显示已经识别完成的歌词，如图 5-27 所示。

3 最后点击字幕，就可以对歌词进行编辑修改，如图 5-28 所示；如果想批量修改字幕，可以点击“批量编辑”，之后就可以对字幕进行批量修改，如图 5-29 所示。

▲ 图 5-29

6 花字效果，让文字样式更好看

剪映中的花字功能是一种特色文字效果工具，它为用户提供了丰富多样的文字样式和风格，让视频内容更加生动有趣。使用花字功能，可以轻松为视频添加个性化的文字装饰，提升视频的视觉吸引力。具体来说，在剪映中添加花字的具体步骤如下：

1. 导入一段视频素材，点击“文字”按钮，然后点击“新建文本”按钮，如图 5-30 所示。

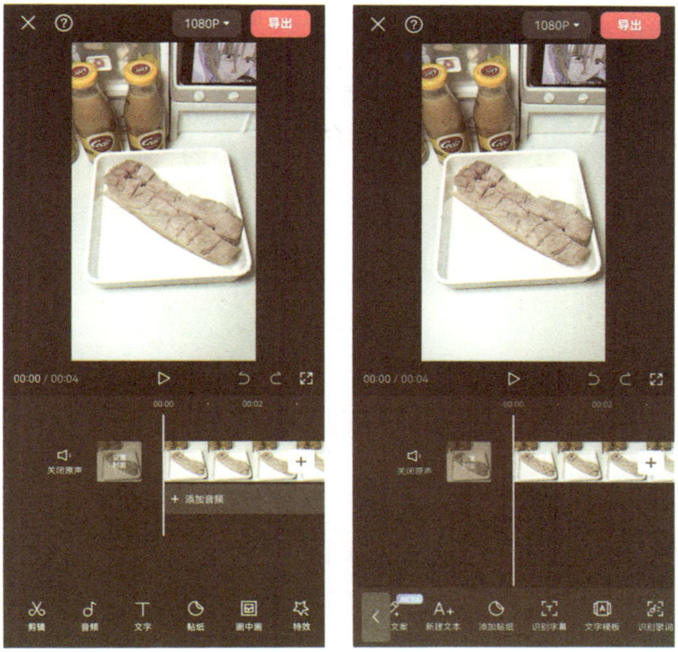

▲ 图 5-30

2. 在文本框输入文字“制作猪肉脯”，进入“字体”设置页面，选择“软糖体”，点击“√”按钮，如图 5-31 所示；点击“花字”按钮，选择一种“花字”效果，点击“√”按钮，花字效果制作完成，如图 5-32 所示。

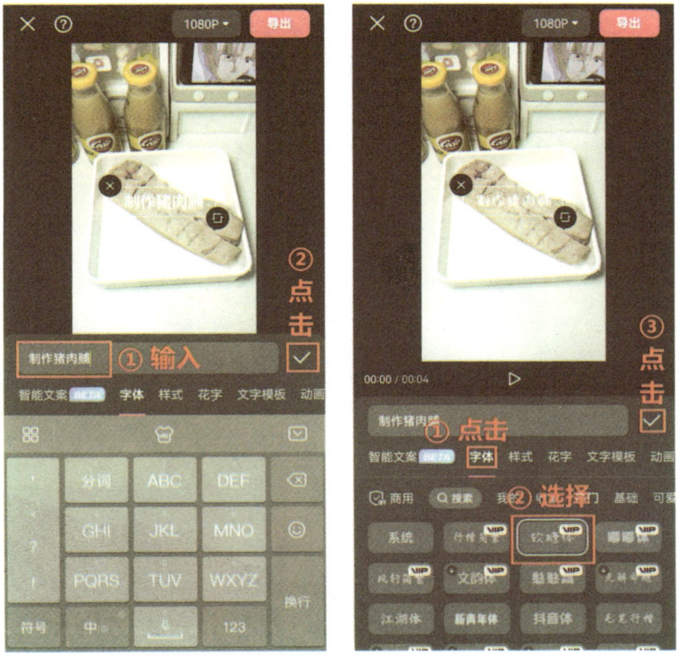

▲ 图 5-31

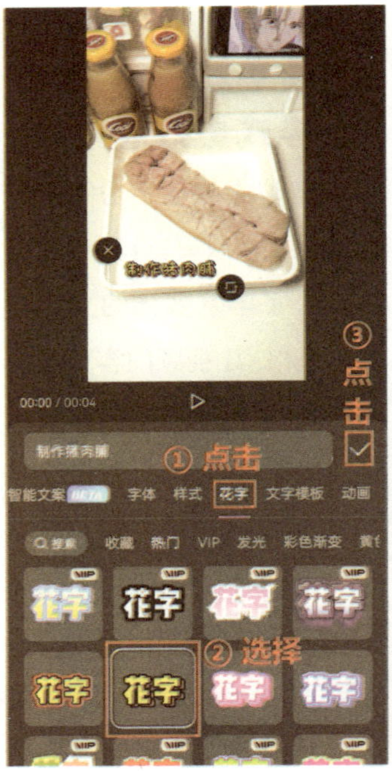

▲ 图 5-32

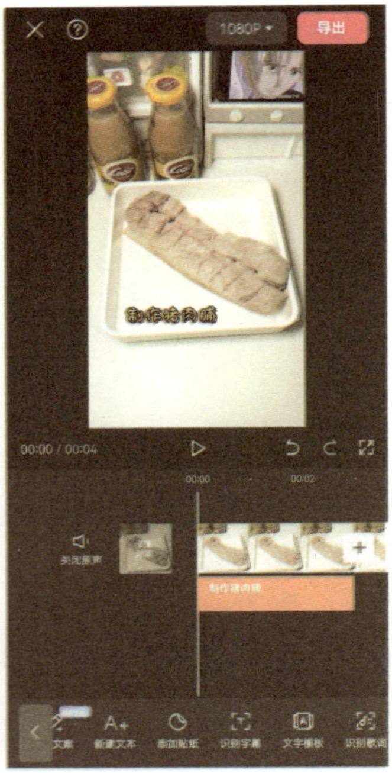

▲ 图 5-33

3 制作完成花字后，会在视频轨道下方生成一段文字轨道，可以看到所选择的“花字”效果，如图 5-33 所示。

7 使用关键帧，制作向上移动的片尾字幕

通过使用剪映中的关键帧功能，用户可以打造出电影和电视剧中常见的片尾字幕向上移动的效果，为视频增添专业性和动感。具体操作步骤如下：

1 导入一段视频素材，点击“文字”按钮，然后点击“新建文本”按钮，如图 5-34 所示；输入文字“秘制烤鸡”，

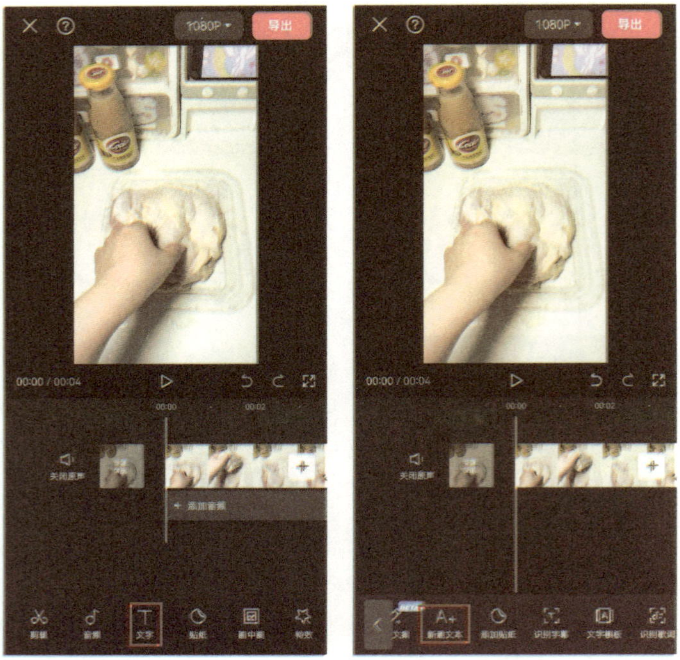

▲ 图 5-34

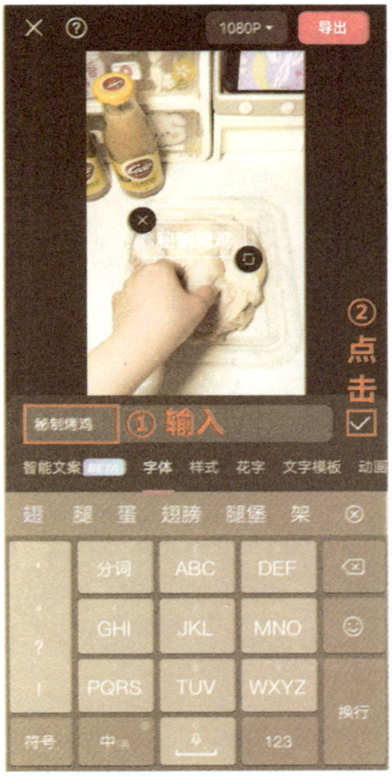

▲ 图 5-35

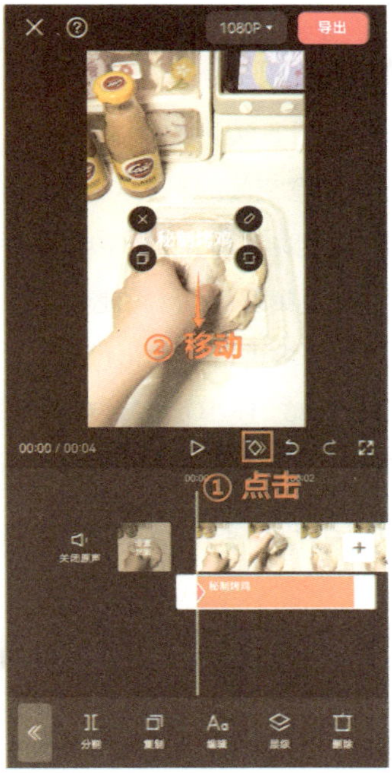

▲ 图 5-36

点击“√”按钮，如图 5-35 所示。

2 在字幕开始处添加一个关键帧，将字幕移动到预览框的下方，如图 5-36 所示；将时间轴移动到字幕结尾处，再添加一个关键帧，再把字幕沿直线移动到预览框的上方，如图 5-37 所示。

3 至此，向上移动字幕效果制作完成，点击“播放”按钮，预览视频效果，如图 5-38 所示。

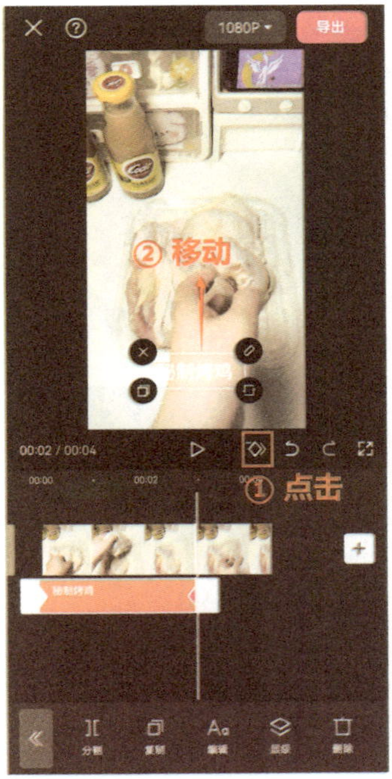

▲ 图 5-37

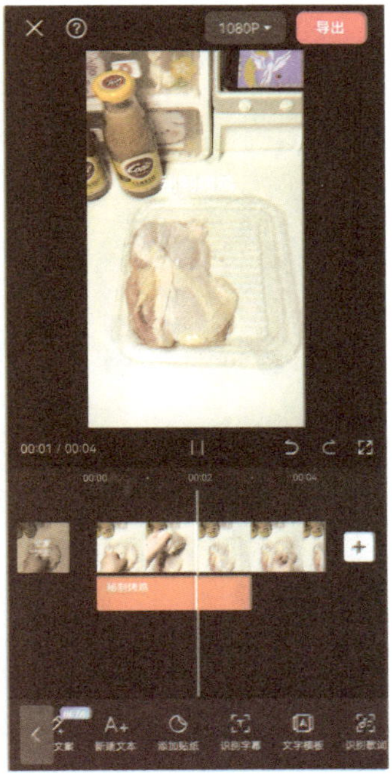

▲ 图 5-38

8 弹跳歌词，增加视频动感效果

剪映的弹跳字幕功能是一项创新且实用的文字动画效果工具，为视频编辑者带来了无限创意空间。通过这一功能，用户可以在视频中添加生动有趣的弹跳字幕，使文字内容以跳跃、活泼的方式出现在画面中，为视频增添活力和趣味性。

弹跳字幕不仅可以根据用户的需求进行个性化设置，包括字体、大小、颜色等样式属性的调整，还提供了多种弹跳动画效果选择。无论是简单的弹跳入场，还是复杂的弹跳路径动画，都能轻松实现，满足用户不同场景和风格的需求。具体操作步骤如下：

1. 导入一段视频素材，给视频添加一首合适的歌曲，把歌曲轨道调整到合适长度，如图 5-39 所示；点击“文字”按钮，点击“识别歌词”按钮，点击“开始匹配”按钮，系统自动识别出来的歌词会显示在字幕轨道上，如图

▲ 图 5-39

▲ 图 5-40

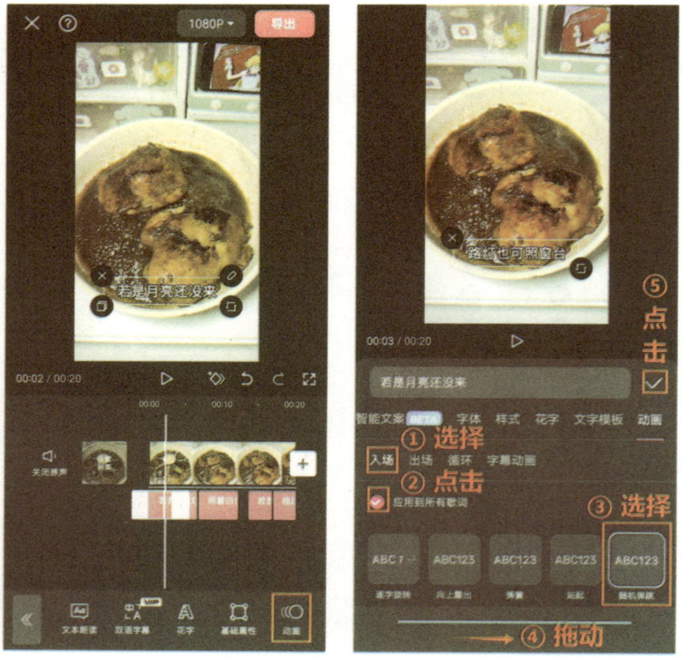

▲ 图 5-41

▲ 图 5-42

5-40 所示。

2. 选中一段字幕，点击“动画”选项卡，选择“入场”按钮，点击“应用到所有歌词”，选择“随机弹跳”，拖动调整时长为最长，这样就使每句歌词都添加了“随机弹跳”效果，如图 5-41 所示。

3. 为字幕设置喜欢的字体和颜色，至此，弹跳字幕制作完成，点击播放按钮，播放视频可浏览“随机弹跳”效果，如图 5-42 所示。

9 旋入文字，制作动态歌词效果

旋入文字效果经常用于动态的歌词效果中，可以增强画面的动态效果。下面介绍如何使用剪映制作旋入文字的动态效果。具体操作步骤如下：

1. 导入一段视频素材，点击“音频→音乐”按钮，选择合适的音乐素材，点击“使用”按钮，此时就会看到音乐轨道上添加了音乐素材，如图 5-43 所示。

2. 返回上一级菜单，点击“文字→识别歌词”按钮，在“识别歌词”页面点击“开始识别”按钮；系统自动识别歌词，识别出来的歌词出现在字幕轨道上，如图 5-44 所示。

3. 点击第一句歌词，点击“编辑”按钮，点击“花字”按钮，为字幕选择一个喜欢的“花字”效果，并调整字体大小，

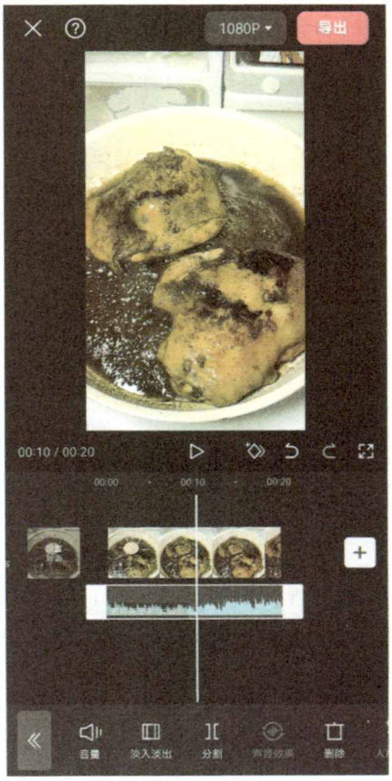

▲ 图 5-43

▲ 图 5-44

▲ 图 5-45

点击“应用到所有歌词”，如图 5-45 所示。

4 点击“动画”按钮，点击“入场”按钮，在工具栏中点击“旋转飞入”按钮，点击“√”按钮，点击“应用到所有歌词”；调整时长为最长，这样每句歌词都添加“旋转飞入”效果，如图 5-46 所示。

5 至此，整个歌词的字幕制作完成，点击“播放”按钮，可浏览视频效果，如图 5-47 所示。

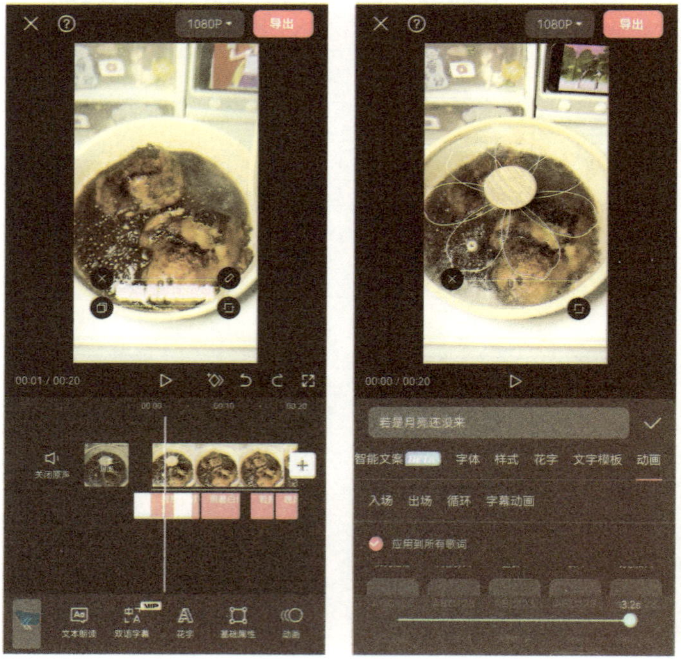

▲ 图 5-46

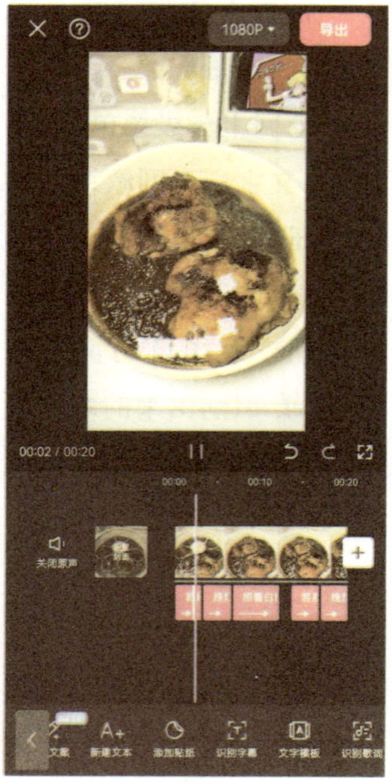

▲ 图 5-47

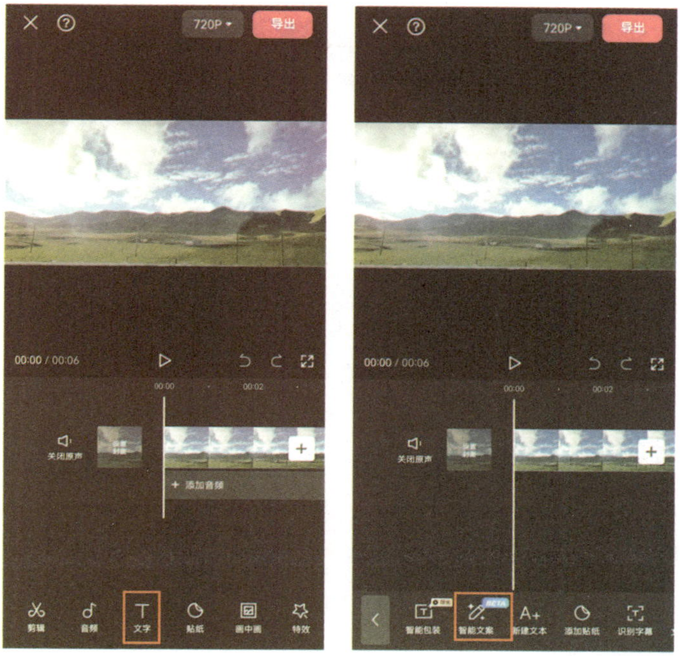

▲ 图 5-48

▲ 图 5-49

10 智能文案，快速、高效创作文案

剪映的智能文案功能是一种智能化的文本创作工具，它可以帮助用户快速生成与视频内容相匹配的文案。通过这个功能，用户可以输入视频的主题或关键词，剪映会根据视频内容，以及用户输入的信息，智能分析并生成相应的文案。具体操作步骤如下：

1. 导入一段视频素材，在编辑界面的下方工具栏中，点击“文字”按钮；点击“智能文案”按钮，就能看到一个名为“智能文案”的文字输入框（可以在框内输入视频文案要求，如主题、风格、字数）如图 5-48 所示。
2. 以导入的风景视频为例，输入以下文字（如主题、风格、字数要求），点击“→”按钮，即可生成一段文案，如图 5-49 所示。

▲ 图 5-50

▲ 图 5-51

图例中输入的文字为：

主题：蓝天白云

风格：高原风光

字数：不超过 100 字。

3 生成的文案会出现在视频的相应位置。点击“播放”按钮，可以预览视频，查看文案的效果；如果需要，还可以对生成的文案进行编辑、调整位置或样式，以满足需求，如图 5-50 所示。

4 导出视频：完成视频文案的编辑后，点击“导出”按钮，即可保存并分享视频，如图 5-51 所示。

需要注意的是，剪映的智能文案功能是基于算法生成的，因此，生成的文案可能并不完全符合用户预期或需求。在使用时，建议结合自己的创意和想法，对生成的文案进行适当地修改和调整，以使其更加符合视频的整体风格和主题。

11 添加贴纸，丰富画面

剪映提供了丰富的贴纸库和编辑功能，可以满足用户不同的创作需求。用户可以轻松添加和编辑贴纸，为视频作品增添更多的趣味和个性。具体操作步骤如下：

1. 导入一段视频素材，在编辑界面点击下方的“贴纸”按钮；在贴纸库中选择一个自己喜欢的贴纸模板，点击“√”按钮，即可添加成功，之后会在视频轨道下方生成一个贴纸轨道，如图 5-52 所示。

▲ 图 5-52

2. 贴纸添加好后，选中贴纸，即可调整贴纸的大小、位置等参数，还可通过下方的“动画”菜单为贴纸设置入场和出场动画，如图 5-53 所示。

▲ 图 5-53

▲ 图 5-54

3 入场动画和出场动画添加成功后，会在贴纸轨道上生成向左、向右两个箭头；完成贴纸的调整后，点击右上角的“导出”按钮，即可保存并分享作品，如图5-54 所示。

第六章 特效：视频秒变视觉盛宴

剪映的特效功能为视频创作提供了无限可能，比如纹理特效、变装特效、人物重影、定格动画等。无论是专业视频剪辑师还是新手，都能通过剪映的特效功能，轻松实现创意和想法，为视频增色添彩。

新手学习重点：

1. 熟悉剪映的基础特效
2. 掌握特效的应用方法
3. 学习合理搭配特效
4. 不断尝试和创新

1 基础特效，熟悉剪映特效

特效的运用不仅能显著提升画面的生动感和趣味性，让原本单调的画面焕发生机，而且还能巧妙地掩盖或修复拍摄过程中难以避免的画面缺陷。在剪映 App 中，用户能够轻松获得大量丰富多样的视频特效选择，这些特效的加持使创作过程更加自由灵活，从而打造出别具一格、引人入胜的视觉效果。具体操作步骤如下：

1. 导入一段视频素材，点击“特效”，可以看到“画面特效”和“人物特效”两种类型，如图 6-1 所示。
2. 根据调整需要，点击选择“画面特效”，然后在右侧选择“火焰图腾”，如图 6-2 所示。

▲ 图 6-1

▲ 图 6-2

▲ 图 6-3

3 将“火焰图腾”的特效长度拉至想要的长度，点击“播放”按钮，即可预览效果，如图 6-3 所示。

▲ 图 6-4

4 在给素材添加特效后，在“特效”选项卡中还可以点击“调整参数”对其参数进行重新设置，以编辑“火焰图腾”特效为例，在时间线中选择要编辑的“火焰图腾”特效，对“火焰图腾”特效的“速度”和“颜色”参数进行重新设置，如图 6-4 所示。

▲ 图 6-5

5 对于不满意的特效还可以进行删除。删除特效的方法很简单，只要在时间线中选中要删除的特效，点击“删除”按钮即可，如图 6-5 所示。

2 动感特效，为视频注入活力

剪映的动感特效为视频编辑注入了活力与动感，结合动感音乐，静态的画面瞬间变得生动起来。通过精心设计的动态过渡、动态模糊、快速缩放等效果，动感特效能够营造出紧张刺激、流畅连贯的视觉体验。这些特效不仅简单易用，而且种类繁多，能够满足不同场景和风格的需求。无论是想要打造快节奏、动感的运动场景，还是希望为视频添加一些炫酷的动态元素，剪映的动感特效都能助你一臂之力，让你的视频作品更具吸引力和表现力。具体操作步骤如下：

1 导入合适的视频或照片素材，先后点击“特效→画面特效”按钮，如图 6-6 所示；点击“动感”选项卡，选择

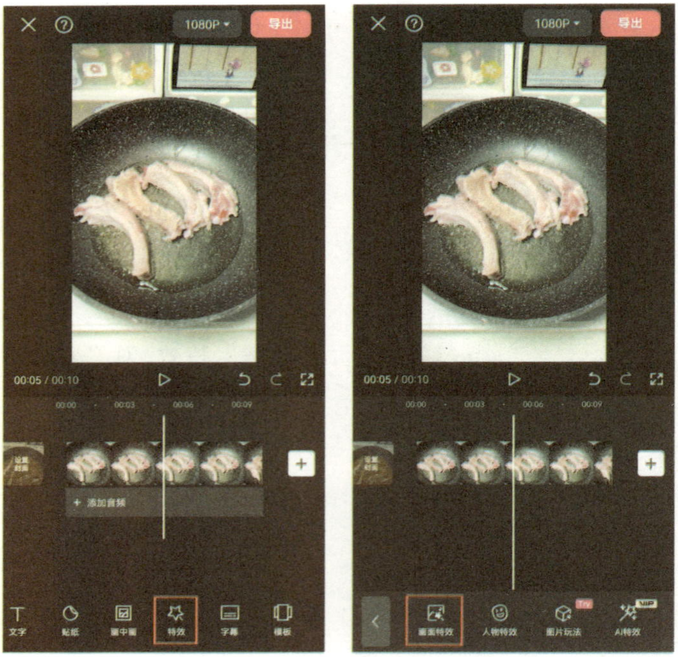

▲ 图 6-6

▲ 图 6-7

“轻微抖动”特效，在预览区域可以看到画面效果，然后点击“√”按钮，添加特效，如图 6-7 所示。

2 拖拉特效轨道左侧的白色拉杆，调整特效时长，使其位于视频的后半段，然后选择视频素材，点击“分割”按钮，分割视频，如图 6-8 所示。

3 点击分割后的两个视频素材之间的转场按钮，点击“VIP”选项卡，选择“爱心模糊”特效，向右拖拉“转场”界面下方的白色圆形滑块，设置时长为 0.1 秒，点击右下角的“√”按钮，即可应用转场，如图 6-9 所示；添加完转场的视频效果，如图 6-10 所示。

4 先后点击“音频→音乐”按钮，如图 6-11 所示；选择“卡点”选项卡，选择一段合适的音乐，点击“使用”按钮，如图 6-12 所示。至此，一段拥有动感音乐和动感特效的短视频就制作成功了如图 6-13 所示。

▲ 图 6-8

▲ 图 6-9

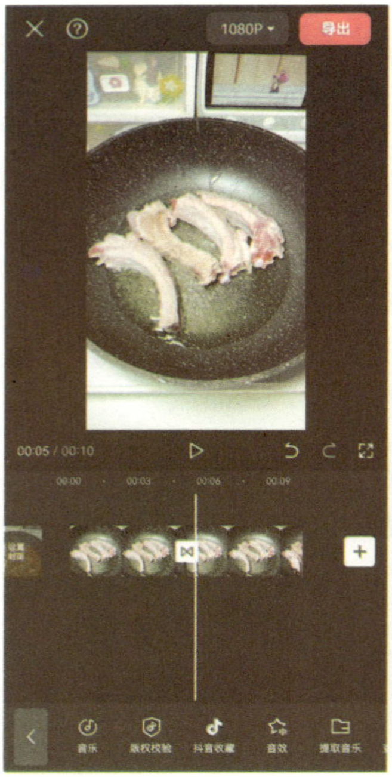

▲ 图 6-10

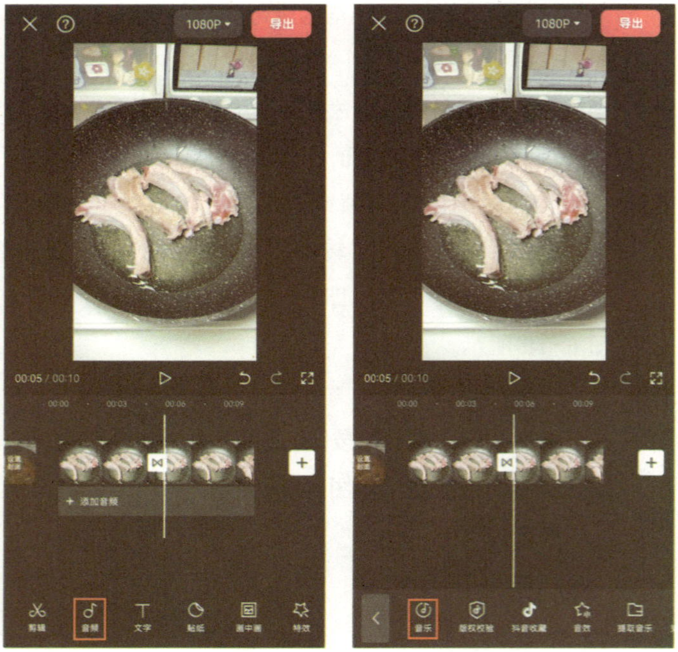

▲ 图 6-11

▲ 图 6-12

▲ 图 6-13

▲ 图 6-14

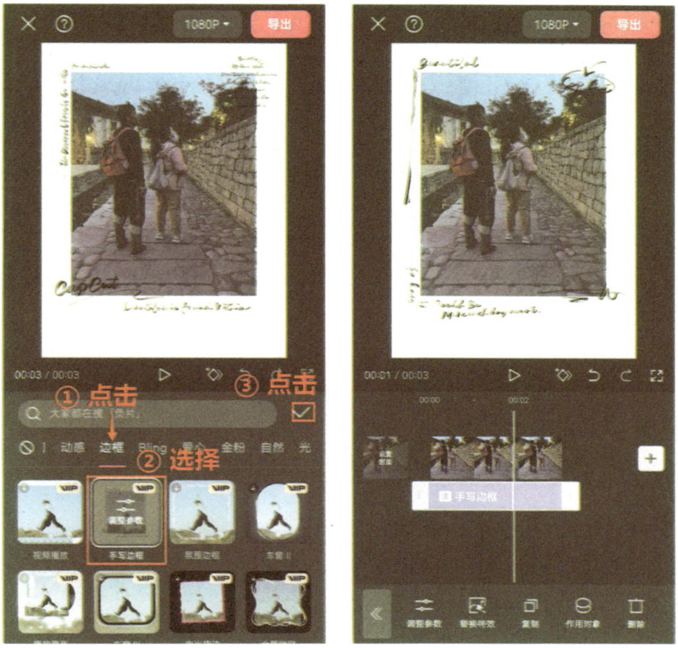

▲ 图 6-15

3 边框特效，提升视觉体验

剪映的边框特效可以为短视频添加丰富有趣的边框样式和效果，例如电视边框、相纸边框、录制边框等，既能突出视频主题，还可以提升整体视觉体验。具体操作步骤如下：

1. 导入合适的视频或照片素材，先后点击“特效→画面特效”按钮，如图 6-14 所示；点击“边框”选项卡，选择“手写边框”特效，在预览区域可以看到画面效果，然后点击“√”按钮，添加特效；拖拉特效轨道右侧的白色拉杆，调整特效时长，使其与视频时长保持一致，如图 6-15 所示。

2 点击“文字”按钮，点击“新建文本”按钮，如图 6-16 所示；输入“古北水镇一日游”，在“字体”选项卡选择“糯米团”字体，然后点击“√”按钮，调整字体轨道和视频一样长，如图 6-17 所示。

3 为视频添加匹配的音乐，并调整音乐轨道和视频一样长，点击“播放”按钮，即可预览边框效果，如图 6-18 所示。

▲ 图 6-16

▲ 图 6-17

▲ 图 6-18

▲ 图 6-19

4 纹理特效，打造独特视觉风格

剪映 App 中的纹理特效为视频创作者们提供了独特且富有创意的视觉表达方式。通过应用各种精致的纹理效果，如磨砂纹理、折痕、油画纹理、老照片、低像素等，能赋予视频独特的艺术风格和个性。这些纹理特效简单易用，让创作者能够轻松地为视频添加独特的视觉纹理，打造出别具一格的视觉盛宴。具体操作步骤如下：

1. 导入合适的视频或照片素材，点击“特效→画面特效”按钮，如图 6-19 所示；点击“纹理”选项卡，选择“油画纹理”特效，在预览区域可以看到画面效果，然后点击“√”按钮，添加特效，如图 6-20 所示。
2. 拖拉特效轨道左侧的白色拉杆，调整特效时长，使其位于视频的后半段，然后选择视频素材，点击“分割”按钮，如图 6-21 所示，分割视频。

▲ 图 6-20

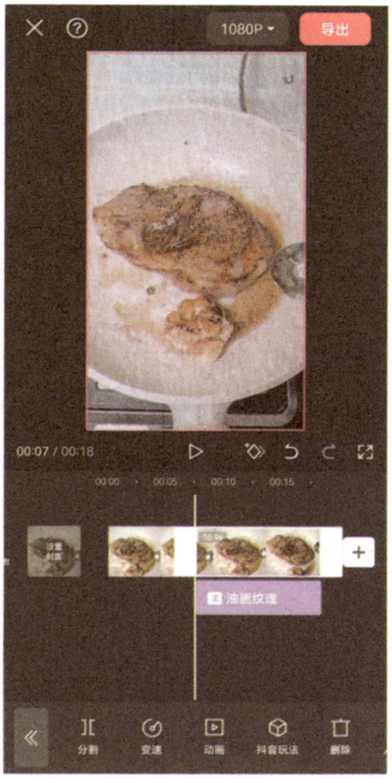

▲ 图 6-21

▲ 图 6-22

▲ 图 6-23

3 点击“分割”后的两个视频素材之间的转场按钮，点击“热门”选项卡，选择“叠化”特效，向右拖拉“转场”界面下方的白色圆形滑块，设置时长为 0.1 秒，点击“√”按钮，即可应用特效，如图 6-22 所示；点击“播放”按钮，即可预览视频效果，如图 6-23 所示。

5 变装特效，打造炫酷造型

剪映上的变装特效是一种极具创意和视觉冲击力的转场方式，它能够在视频剪辑中带来令人惊艳的视觉效果。这种特效通常涉及人物形象的快速切换，通过巧妙的剪辑和过渡，将不同风格的服装、妆容或造型无缝衔接在一起。在变装的过程中，可以运用各种特效和动画，如渐变、闪烁、旋转等，以增强视觉冲击力，使变装效果更加炫酷和引人注目。具体操作步骤如下：

1 导入两段相同人物、相同手势，但不同服饰的视频素材，如图 6-24 所示。

2 将时间指示器拖动至第一种服饰的视频中人物 1 秒（2 次击掌后处）的位置处，将视频进行分割，选中分割出的后半段视频，点击“删除”按钮，删除该片段，如图 6-25 所示。

▲ 图 6-24

▲ 图 6-25

▲ 图 6-26

▲ 图 6-27

3 将时间指示器拖动至第二种服饰的视频中人物即将伸手指向屏幕的位置处，将视频进行分割，选中分割出来的前半段视频，点击“删除”按钮，删除该片段，如图 6-26 所示。

4 选择第二种服饰的视频片段，拖动右侧的白色拉杆，适当剪辑不需要的画面，如图 6-27 所示。

5 点击“变速”按钮切换至该操作区，点击“常规变速”选项卡，调整“倍速”参数为 0.8 倍，增加视频的播放时长，如图 6-28 所示。

6 点击“转场”按钮，搜索“色差故障”转场，选择“色差故障”选项卡，添加一个“色差故障”转场效果，拖动白色圆形滑块，调整参数为 0.5 秒，如图 6-29 所示。

7 点击“特效”按钮；点击“氛围”选项卡；点击“星夜”特效，点击“√”按钮，如图 6-30 所示。

8 执行操作后，即可在轨道上出现一个“星夜”特效，同

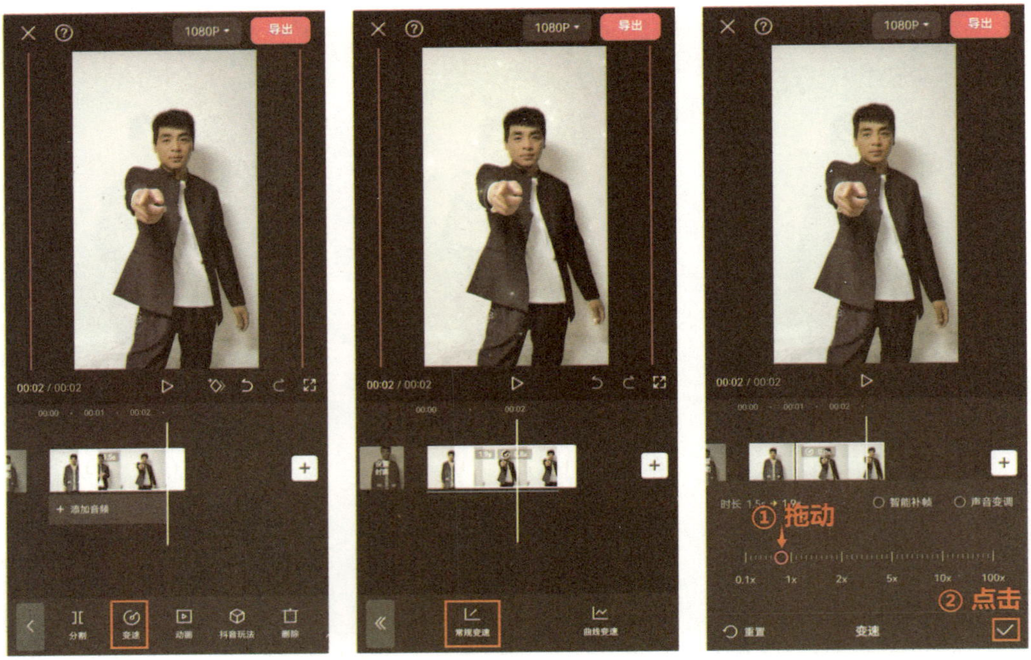

▲ 图 6-28

▲ 图 6-29

时画面也有效果呈现，适当调整其位置和时长，如图 6-31 所示。

9 添加合适的背景音乐，点击“播放”按钮，即可查看制作的视频转场效果，如图 6-32 所示。

▲ 图 6-30

▲ 图 6-31

▲ 图 6-32

6 人物重影，创造视觉奇幻体验

使用剪映 App 中的画中画功能和变速功能，能为奔跑中的人做出很多影子，为视频增添一种神秘而吸引人的氛围。通过应用人物重影特效，可以让主角或特定人物在视频中呈现出多个重叠的影像，仿佛时间在此刻凝固，人物的每一个动作都被复制并叠加在一起。这种效果不仅为视频增加了视觉层次感和动态美，还能在情感表达上起到强化作用，使观众更深刻地感受到视频所要传达的情感和氛围。具体操作步骤如下：

1 导入一段人物奔跑的视频素材，拖拉时间轴至“5f”位置，点击“画中画”按钮，如图 6-33 所示。

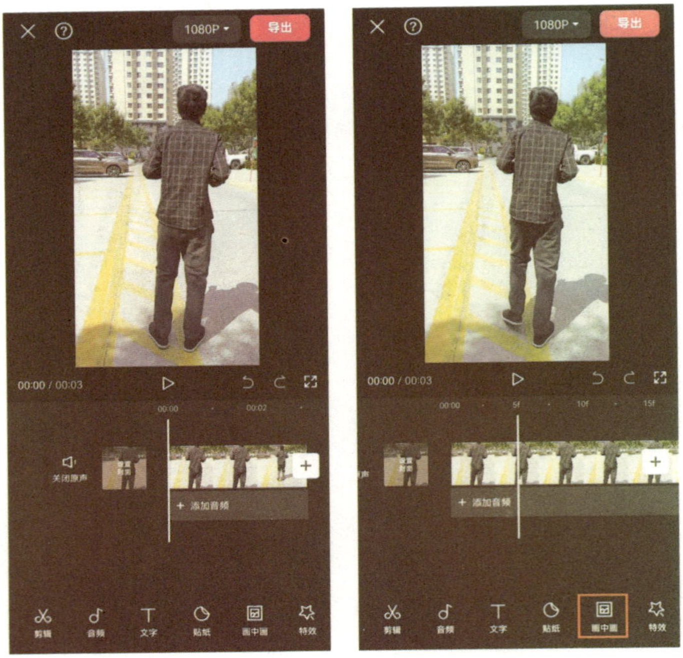

▲ 图 6-33

2 点击“新增画中画”按钮，点击“照片视频”选项卡，再次选择视频素材，点击右下角的“添加”按钮，在预览区域调整视频画面，使其铺满屏幕，如图 6-34 所示。

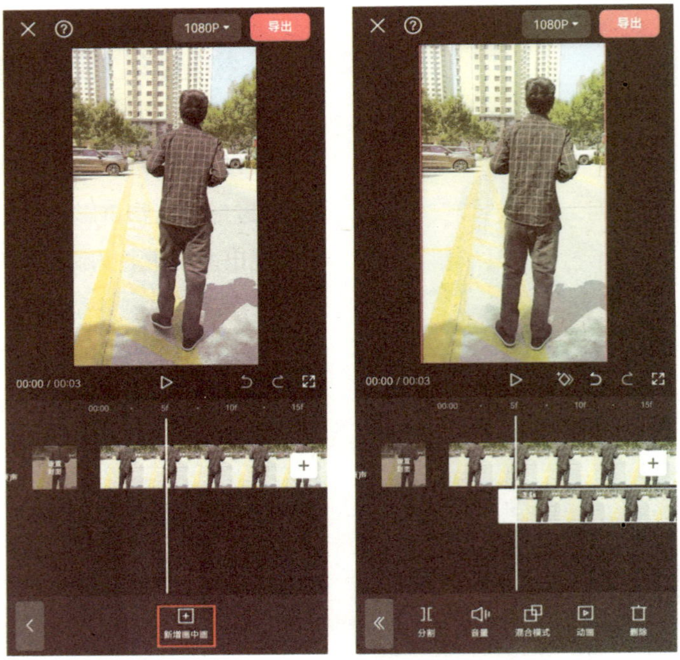

▲ 图 6-34

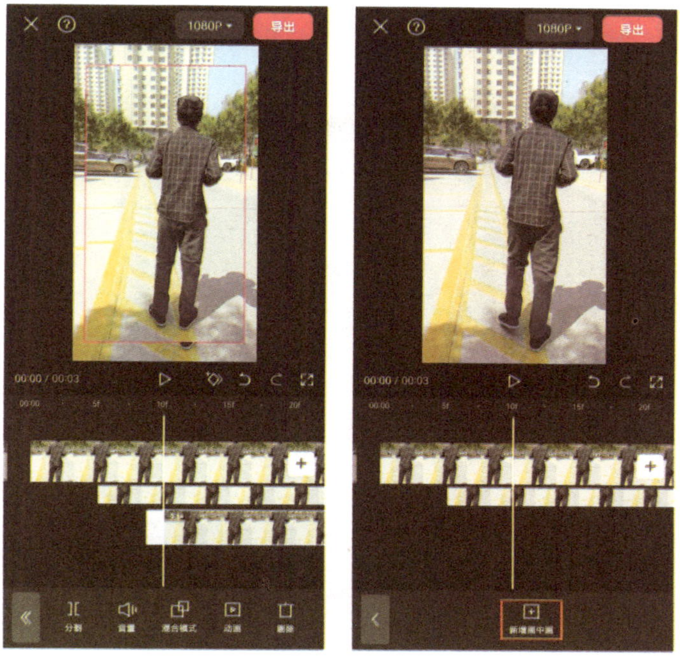

▲ 图 6-35

3 拖拉时间轴至“10f”位置，点击“新增画中画”按钮，点击“照片视频”选项卡，再次选择素材，点击右下角的“添加”按钮，在预览区域调整视频画面，使其铺满屏幕，如图 6-35 所示。

▲ 图 6-36

4 选中第 2 段画中画视频，点击“变速”按钮，选择“常规变速”选项卡，拖拉红色圆形滑块，将视频播放速度设置为 3.0×，然后点击“√”按钮，如图 6-36 所示。

5 选中第1段画中画视频，点击“不透明度”按钮，拖拉白色圆形滑块，将第1段画中画视频的不透明度设置为50，然后点击“√”按钮，如图6-37所示。采用同样的操作办法，将第2段画中画视频的不透明度设置为50，点击“√”按钮，调整透明度后效果如图6-38所示。

6 选中第2段画中画视频，点击“调节”选项卡，选择“亮度”，拖拉白色圆形滑块，调整参数至10；选择“对比度”，拖拉白色圆形滑块，调整参数至-5；选择“饱和度”，拖拉白色圆形滑块，调整参数至10；选择“光感”，拖拉白色圆形滑块，调整参数至-15；选择“高光”，拖拉白色圆形滑块，调整参数至-10；选择“色温”，拖拉白色圆形滑块，调整参数至-5；选择“色调”，拖拉白色圆形

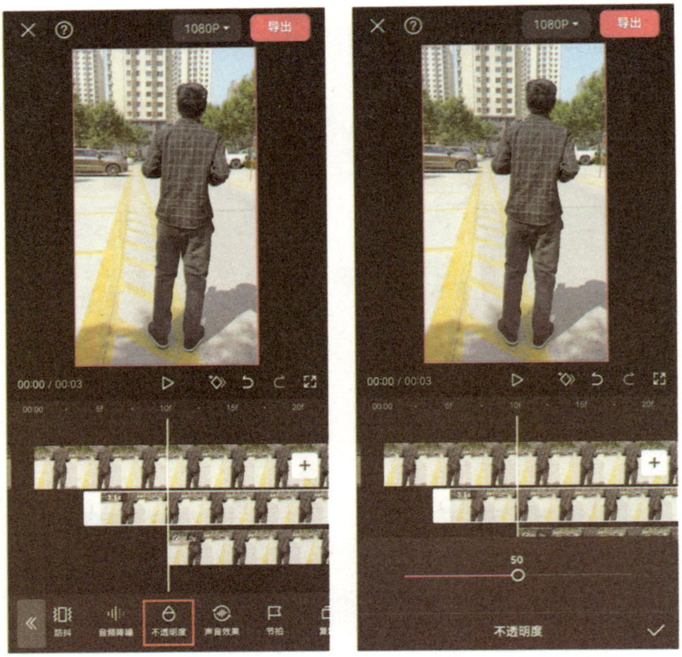

▲ 图6-37

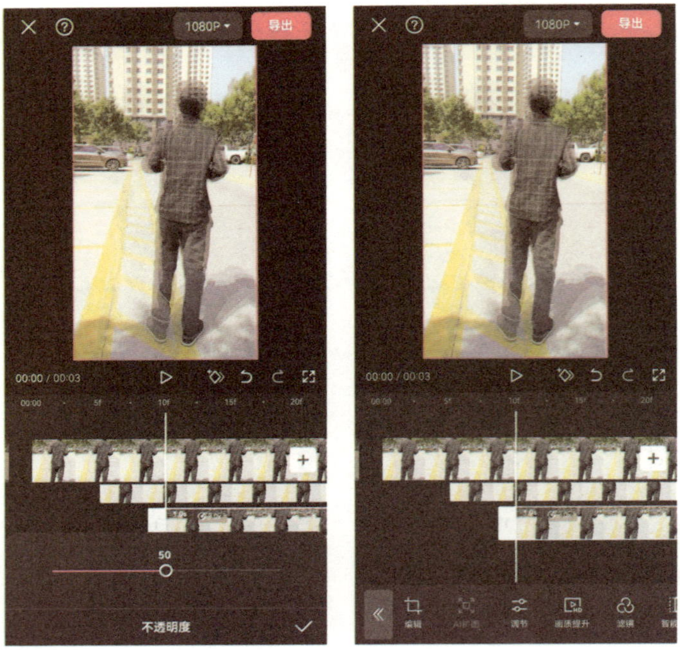

▲ 图6-38

▲ 图 6-39

滑块，调整参数至 -10，点击“全局应用”，最后点击“√”按钮，如图 6-39、6-40 所示。

7 为视频添加合适的背景音乐，点击“播放”，预览视频效果，点击“导出”，如图 6-41 所示。

▲ 图 6-40

▲ 图 6-41

7 呈现反差，对比显示前后差别

用户可通过剪映 App 制作从原视频过渡到已经制作好的视频，以此直截了当地看出前后效果反差。具体操作步骤如下：

1. 导入一段合适的视频素材，点击“滤镜”，在“美食”选项卡中选择“鲜美”滤镜，拖动白色圆形滑块，点击“√”按钮，如图 6-42 所示。

▲ 图 6-42

2. 点击“画中画→新增画中画”按钮，点击“照片视频”选项卡，选择加好滤镜的视频素材，如图 6-43 所示。

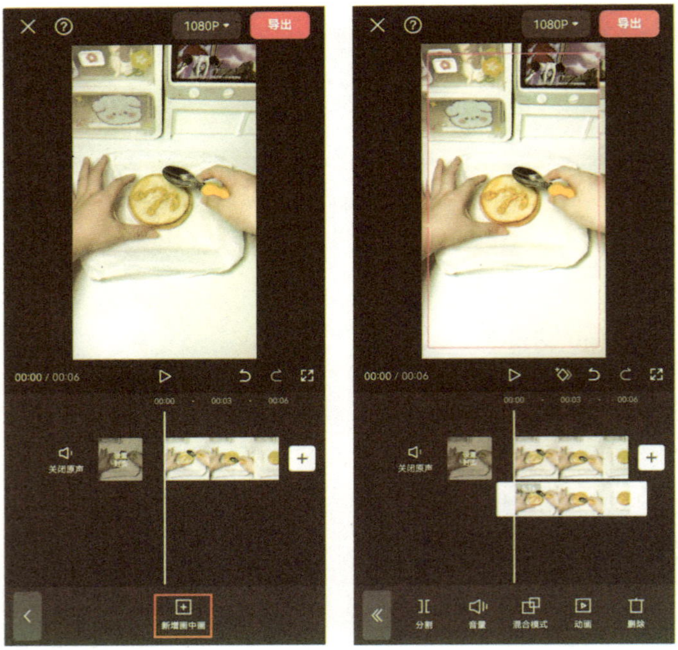

▲ 图 6-43

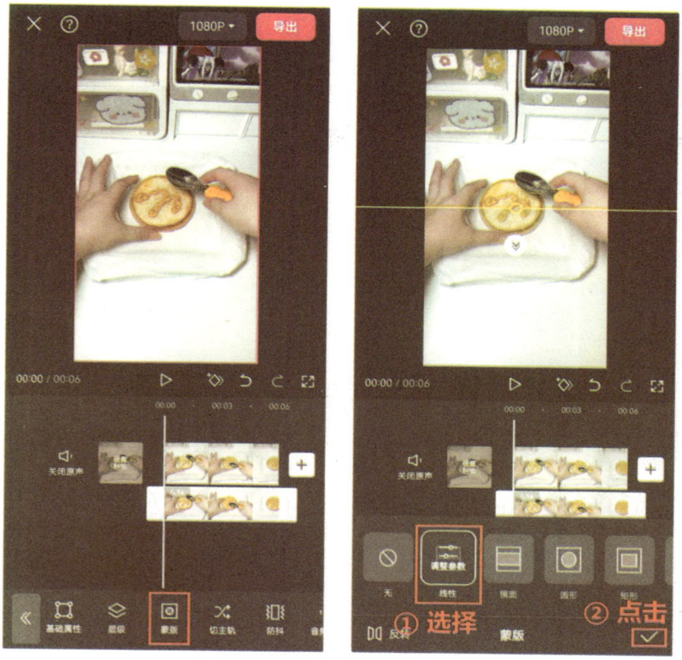

▲ 图 6-44

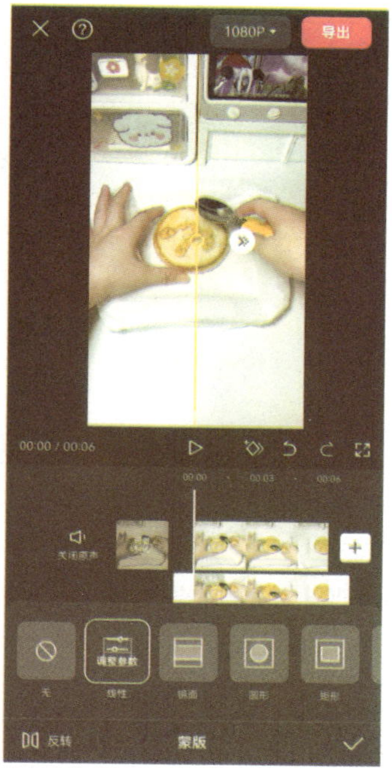

▲ 图 6-45

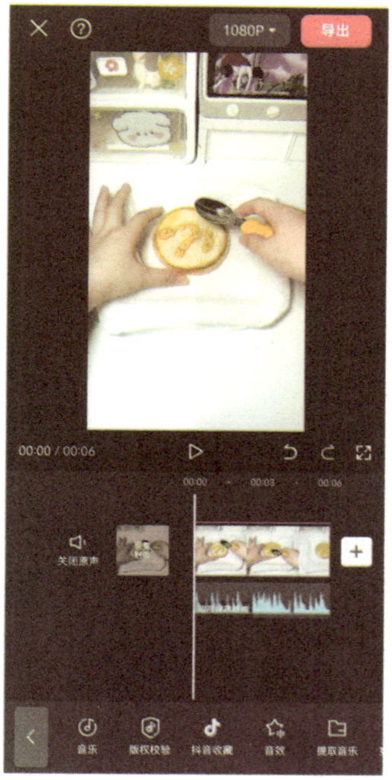

▲ 图 6-46

3 在预览区域放大视频画面，使视频画面铺满整个预览区域，然后点击“蒙版”按钮，选择“线性蒙版”，点击“√”按钮，如图 6-44 所示。

4 在预览区域逆时针旋转蒙版至显示为 -90°，如图 6-45 所示。

5 为视频添加一段合适的音乐，拖拉音频轨道右侧的白色拉杆，调整时长，使其与视频轨道的时长一致，如图 6-46 所示。反差特效可以通过明显的视觉反差，迅速吸引观众的注意力，使其对视频内容产生兴趣。这种效果在广告、宣传片或短视频中能立即抓住观众的眼球。

8 定格动画，让食物自己动起来

在深入探讨定格转场的制作技巧之前，我们先来详细介绍一下定格视频的拍摄方法。以拍摄小番茄定格视频为例逐步说明整个拍摄流程。

▲ 图 6-47

▲ 图 6-48

首先，确保镜头固定不动，以拍摄出稳定的画面。接下来，开始拍摄一段视频，内容为用手慢慢将小番茄放入碗中的过程。这个过程中，尽量保持动作的连贯性和速度的均匀性，以便在后期制作时更容易实现定格效果。

完成了视频的拍摄，就可以进入定格视频的制作阶段。定格视频的具体制作方法：

1. 导入拍好的定格视频，如图 6-47 所示；找到所有在扔小番茄过程中有手出现的画面，一个一个进行分割、删除，如图 6-48 所示。
2. 放大时间轴，把每条素材都缩到 0.1 秒左右，如图 6-49 所示。

▲ 图 6-49

▲ 图 6-50

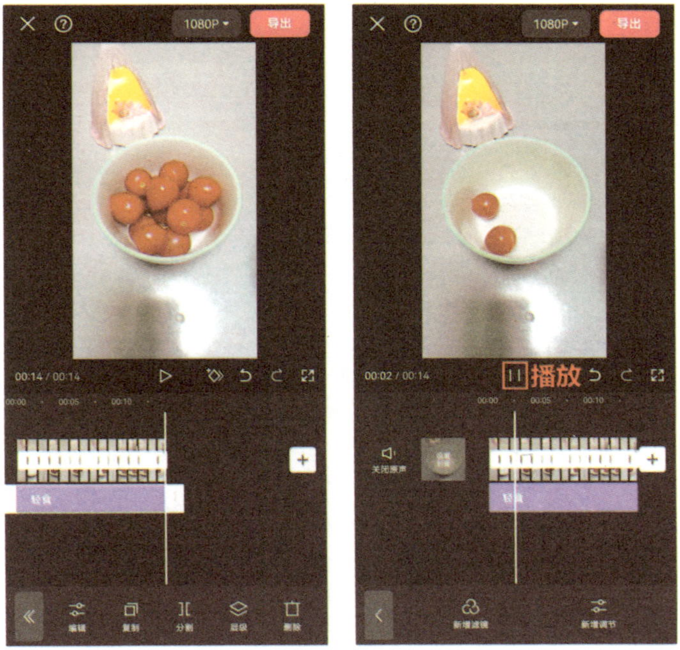

▲ 图 6-51

3　点击“滤镜→美食→轻食”，添加“轻食”滤镜效果，如图 6-50 所示；至此，定格动画完成，点击播放按钮即可预览定格动画的效果，如图 6-51 所示。

9 叠化转场，优雅无缝过渡

剪映的叠化转场是一种流畅而优雅的过渡效果，用于在视频编辑过程中平滑地从一个场景切换到另一个场景。这种转场效果通过逐渐叠加两个场景的画面，使前一个场景的画面在消失的同时后一个场景的画面逐渐显现，营造出一种自然的过渡效果。

1　导入需要编辑的视频素材，将光标移动到需要添加叠化转场的位置，点击“分割”将视频分成两段，如图 6-52 所示。

2　点击两段视频间的转场按钮，在弹出的界面中点击“热门”，选择“叠化”，拖动下面的白色圆形滑块，适当调整时间至0.5秒（剪映提供了多种叠化效果，如闪黑、闪白、渐变擦除等，可以根据需求选择），点击“√”按钮，如图6-53所示。

3 点击“播放”按钮，预览视频，确认叠化转场效果满意后，点击右上角的“导出”按钮，将视频保存到本地或分享到社交媒体平台，如图6-54所示。

▲ 图6-52

▲ 图6-53

▲ 图6-54

第七章 美颜：让你瞬间焕发光彩

剪映的美颜功能，是视频编辑者的得力助手。该功能集磨皮、瘦脸、肤色修复等多项美颜技术于一体，帮助用户轻松打造完美肌肤，提升视频的整体质感。无论是自拍还是拍摄他人，只需简单几步操作，就能让视频中的面容焕发自然光彩。

新手学习重点：

1. 掌握瘦脸功能
2. 掌握磨皮功能
3. 掌握肤色修复
4. 打造清透肤色

1 瘦脸，轻松上镜

剪映的瘦脸功能是视频编辑中非常实用的一项工具。它能够帮助用户快速调整人物的脸型，使之更加美观。瘦脸功能可以实现以下几个方面的调整，具体操作步骤如下：

1. 导入一段人物的视频或照片素材，选中，复制这段素材，如图 7-1 所示。

▲ 图 7-1

▲ 图 7-2

▲ 图 7-3

▲ 图 7-4

2 将前一段视频的时长剪辑为 1.0 秒，选中第 2 段视频素材，先后点击“美颜美体→美颜”，如图 7-2 所示；点击“美型”选项卡，选择“瘦脸”选项卡，拖动白色圆形滑块，将参数调至 50，点击“√”按钮，即可成功瘦脸，如图 7-3 所示。

▲ 图 7-5

3 将时间指示器拖动至开始位置，先后点击“特效→画面特效”，如图 7-4 所示；点击“基础”选项卡，选择“变清晰”特效，执行操作后，即可在轨道上添加一个“变清晰”特效，适当调整特效时长，点击“√”按钮，如图 7-5 所示。

4 将时间指示器拖动至第2段视频开始的位置，先后点击“特效→画面特效”按钮，如图7-6所示；点击“氛围”选项卡，选择“夏日泡泡Ⅱ”特效，如图7-7所示；执行操作后，即可在视频轨道上添加一个“夏日泡泡Ⅱ”特效，适当剪辑特效时长，点击“√”按钮，如图7-8所示。

5 执行上述操作后，给视频添加一段合适的背景音乐。在预览窗口中播放视频，预览视频中人物的瘦脸效果如图7-9所示。

▲ 图 7-6

▲ 图 7-7

▲ 图 7-8

▲ 图 7-9

▲ 图 7-10

2 磨皮，祛除面部瑕疵

剪映的“磨皮”功能，可以为人物图像进行磨皮，去除人物皮肤上的瑕疵，使人物皮肤看起来更光洁、更亮丽。具体操作步骤如下：

1. 导入一段人物视频或照片素材，选中素材，复制这段素材，如图 7-10 所示。

2. 将前一段视频的时长剪辑为 1 秒，选中第 2 段视频素材，先后点击“美颜美体→美颜”，如图 7-11 所示；在“美颜”选项卡下选择“磨皮”，拖动白色圆形滑块，将参数调至 50，点击“√”按钮，即可成功磨皮，如图 7-12 所示。

▲ 图 7-11

▲ 图 7-12

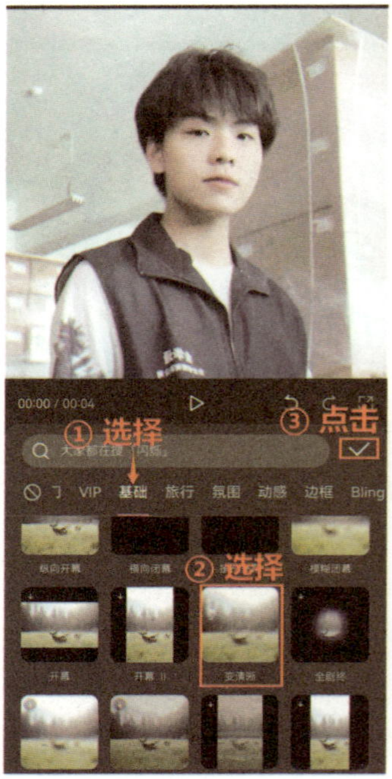

▲ 图 7-13

▲ 图 7-14

3 将时间指示器拖动至开始位置，点击“特效→画面特效”按钮，点击“基础”选项卡，点击“变清晰”特效，如图 7-13 所示；执行操作后，即可在轨道上添加一个“变清晰”特效，并适当剪辑特效时长，如图 7-14 所示。

▲ 图 7-15

4 将时间指示器拖动至第 2 段视频开始的位置，先后点击“特效→画面特效”按钮，点击“氛围”选项卡，点击“Ins 描边”特效，如图 7-15 所示；执行操作后，即可在轨道上添加一个“Ins 描边”特效，并适当剪辑特效时长，如图 7-16 所示。

▲ 图 7-16

▲ 图 7-17

5 执行上述操作后，给视频添加一段合适的背景音乐。在预览窗口中点击“播放”，预览视频中人物的瘦脸效果，如图 7-17 所示。

3 肤色修复，打造亮丽肤色

剪映的肤色修复功能可以优化和改善视频中人物的肤色表现。通过智能识别和调整，该功能能够自动去除肤色不均、暗淡无光等问题，使肤色看起来更加自然、明亮和健康。无论是拍摄条件不佳导致的肤色偏差，还是后期编辑中对肤色效果的调整需求，剪映的肤色修复功能都能轻松应对。它简单易用，操作便捷，帮助用户轻松提升视频的整体质感，让肤色成为视频中的亮点之一。具体操作步骤如下：

1. 导入一段人物的视频或照片素材，选中，复制这段素材，将时间指示器拖动至第 2 段视频的开头，选中第 2 段视频素材，如图 7-18 所示。

2. 将前一段视频的时长剪辑为 1 秒，选中第 2 段视频素材，先后点击“美颜美体→美颜”滤镜，如图 7-19 所示；点击“美颜”选项卡，选择“磨皮”，参数调至

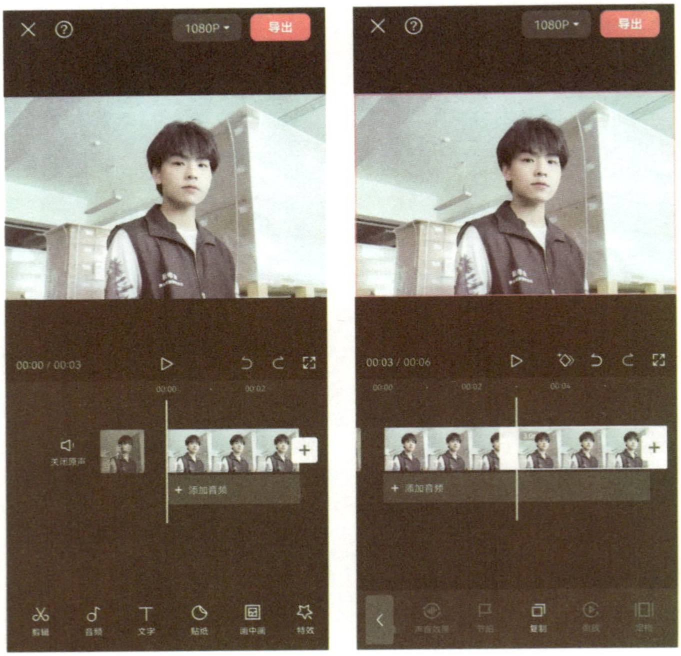

▲ 图 7-18

▲ 图 7-19

50，拖动白色圆形滑块，点击“√”按钮，即可完成磨皮效果，如图 7-20 所示。

3 将时间指示器调节至第 2 段素材的开头，点击“调节”按钮，如图 7-21 所示；在调节选项卡下，选择“饱和度”，将参数调为 -7，降低人物画面色彩；选择“色温”，将参数调为 -5，使画面偏冷色调；选择“色调”，将参数调为 25，使人物肤色红润一

图 7-20

图 7-21

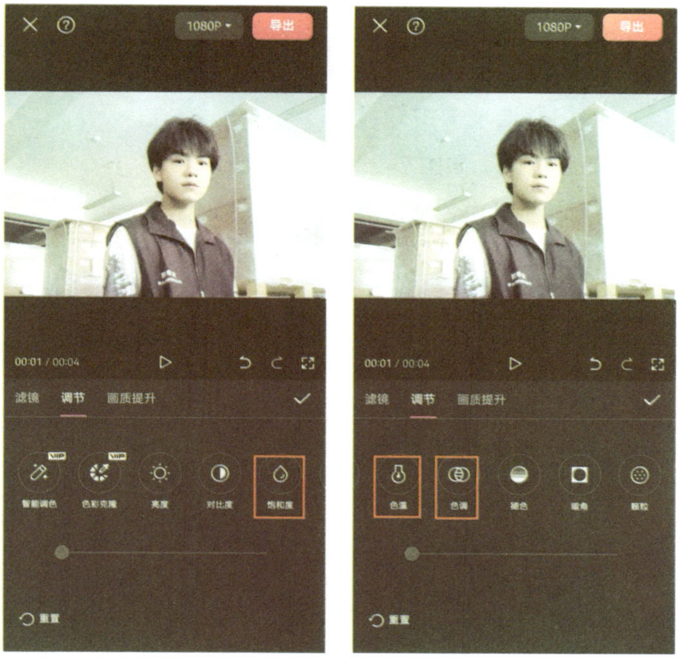

图 7-22

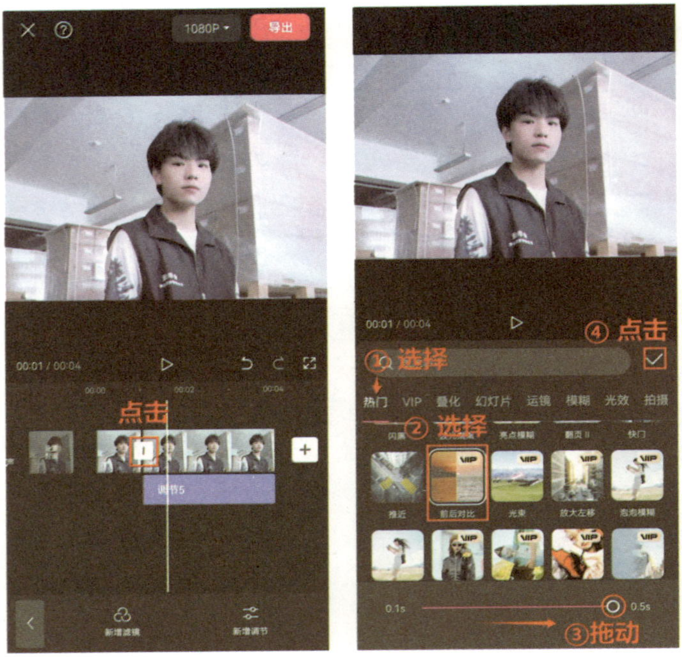

▲ 图 7-23

▲ 图 7-24

些，如图 7-22 所示。

4 点击“转场”按钮，在“热门”选项卡中选择“前后对比”，如图 7-23 所示；拖动白色圆形滑块，点击“√”按钮，转场效果添加完成，如图 7-24 所示。

5 将时间指示器拖动至第 2 段视频的合适位置，点击“特效”，点击“氛围”选项卡，选择“烟花 2024”特效，如图 7-25 所示；执行操作后，即可在轨道上添加

▲ 图 7-25

▲ 图 7-26

▲ 图 7-27

▲ 图 7-28

一个“烟花 2024”特效，适当剪辑特效时长，如图 7-26 所示。

6 执行上述操作后，给视频添加一段合适的背景音乐，如图 7-27 所示。在预览窗口中，点击播放视频，预览视频中人物肤色修复效果，如图 7-28 所示。

4 净透效果：使人物肤色透亮

在剪映中，应用“净透”滤镜可使人物肤色又白又亮，下面介绍具体的操作方法。

1. 导入一段人物的视频或照片素材，选中，复制这段素材，将时间指示器拖动至第 2 段视频的开头，选中第 2 段视频素材，如图 7-29 所示。

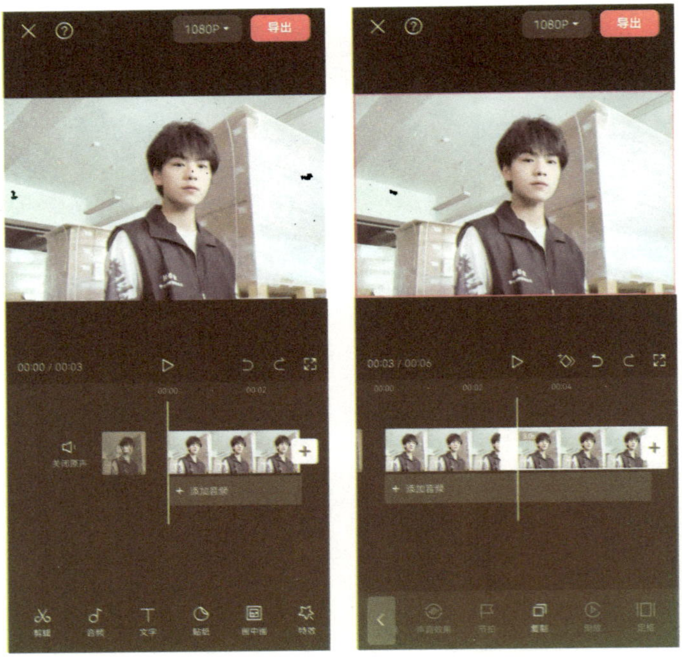

▲ 图 7-29

2. 将前一段视频的时长剪辑为 1 秒，选中第 2 段视频素材，先后点击“美颜美体→美颜”；选择“磨皮”选项卡，参数调至 50，点击“√”按钮，即可成功磨皮，如图 7-30 所示。

▲ 图 7-30

▲ 图 7-31

▲ 图 7-32

3 将时间指示器调节至第 2 段素材的开头，点击“滤镜”选项卡，选择“人像”按钮，选择“净透”，点击“√”按钮，执行操作后，即可在轨道上添加一个“净透”滤镜，适当剪辑滤镜时长，如图 7-31 所示。

4 将时间指示器调节至第 1 段素材的开头，先后点击“特效→画面特效”按钮；在搜索栏中输入“模糊开幕”特效，执行操作后，即可在轨道上添加一个“模糊开幕”特效，适当剪辑特效时长，如图 7-32 所示。

▲ 图 7-33

▲ 图 7-34

5 点击“转场”按钮，点击“热门”选项卡，选择“叠化”，点击“√”按钮，转场添加成功，如图 7-33 所示。

6 执行上述操作后，点击“播放”视频，在预览窗口中查看视频中人物肤色透亮效果，如图 7-34 所示。

第八章 画中画：小白也能玩出高级感

剪映的“画中画”功能为视频创作带来了独特的视觉体验。它允许用户在主视频轨道上叠加另一个或多个视频轨道，实现画面在同一维度的多重呈现。无论是用于展示多个视角、丰富背景，还是制作分屏效果，画中画都能轻松实现。通过简单的操作，用户可以自由调整画中画的大小、位置和动画效果，使视频更加生动、有趣。无论是专业剪辑还是日常分享，画中画都是提升视频质量的实用工具。

新手学习重点：

1. 掌握画中画的添加与编辑
2. 理解画中画与主视频的协调性
3. 掌握智能抠像方法
4. 学会蒙版的使用方法

▲ 图 8-1

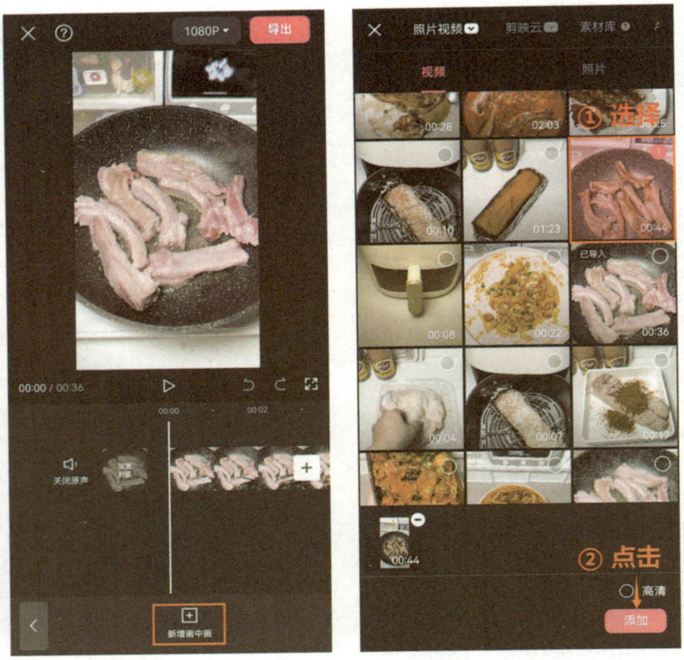

▲ 图 8-2

1 了解画中画的基础功能

剪映的“画中画”功能允许用户在主画面上叠加另一个或多个画面，这些画面可以在同一维度同时呈现给观众，为视频增加更多层次和视觉效果。具体操作步骤如下：

1. 导入一段视频素材，以美食视频为例，上传视频后，可在下方工具栏中看到“画中画”图标，如图 8-1 所示。

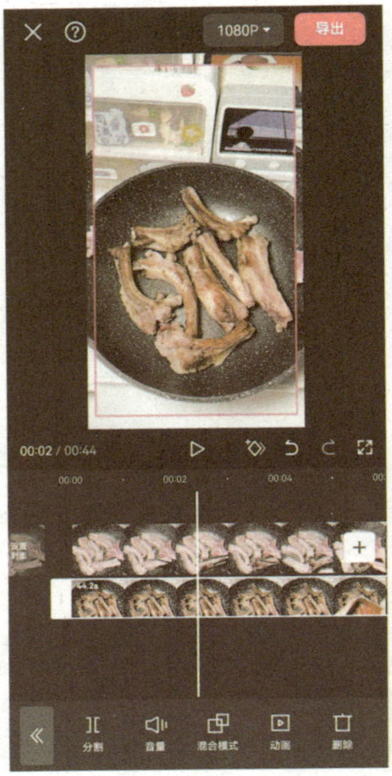

▲ 图 8-3

▲ 图 8-4

2. 点击“画中画”，会出现“新增画中画”，点击并上传另一个拍摄好的视频素材，点击“添加”，如图 8-2 所示；这样，在原视频的基础上，在画中画轨道又添加了一个视频，如图 8-3 所示。
3. 可以对画中画视频的音量、动画、大小、旋转角度等进行调整，使效果更加自然和谐。此处将画中画视频调小，并移动到左上方，即完成了对画中画视频的调整。点击“播放”，可预览画中画效果，如图 8-4 所示。

2 制作黑白反转片头

剪映中的制作黑白反转片头是一种富有创意和吸引力的视频编辑技巧。通过使用剪映 App 软件，用户可以将视频的开头部分打造成独特的黑白反转效果，使视频从黑白逐渐过渡到彩色，为观众带来强烈的视觉冲击。

这种片头设计不仅能够突出视频的主题和风格，还能够引起观众的好奇心，吸引他们继续观看下去。无论是用于个人创作的短视频，还是用于商业宣传的影片，剪映制作黑白反转片头这一功能都能为作品增添一份独特而引人注目的魅力，让视频在开头就给人留下深刻的印象。具体操作步骤如下：

1. 导入一段黑底视频素材，点击“新建文本”，输入要添加的文字，比如“家有小吃货”，调整好文字大小并将文字颜色设为白色，操作完成后导出视频，如图 8-5 所示。
2. 接下来返回初始界面重新点击创作，再新建一个白底黑字视频，步骤与上述操作相同，如图 8-6 所示，完成后导出视频，这样所需要的素材就准备好了。

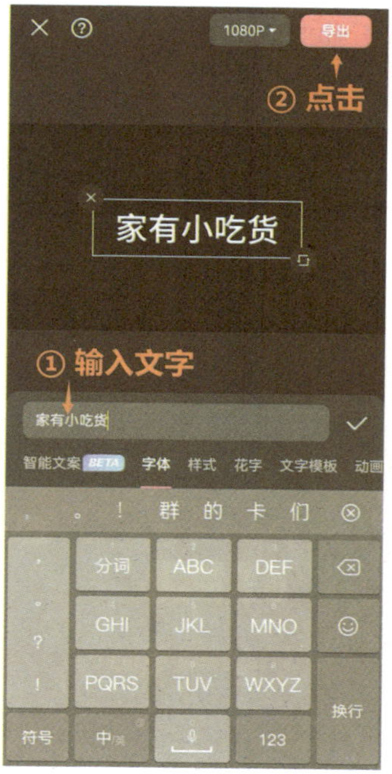

▲ 图 8-5

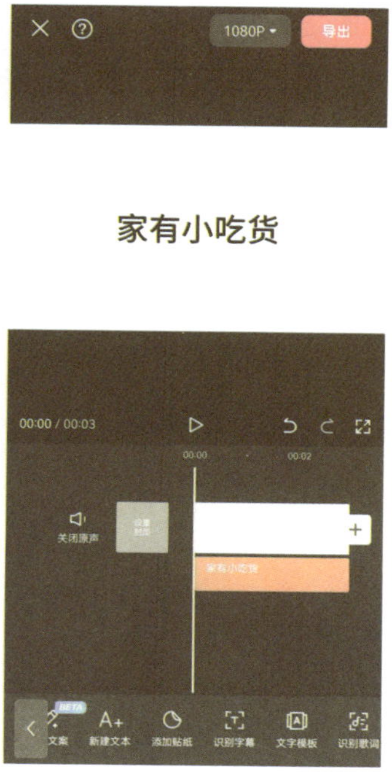

▲ 图 8-6

3 新建一个项目，先导入黑底白字素材视频，然后通过画中画导入白底黑字素材视频，这里可以先把画中画视频轨道移到最左侧，再进行分割，每条分割后的视频之间都留有一定的间隙，这样黑白闪烁的效果就做好了，如图 8-7 所示。

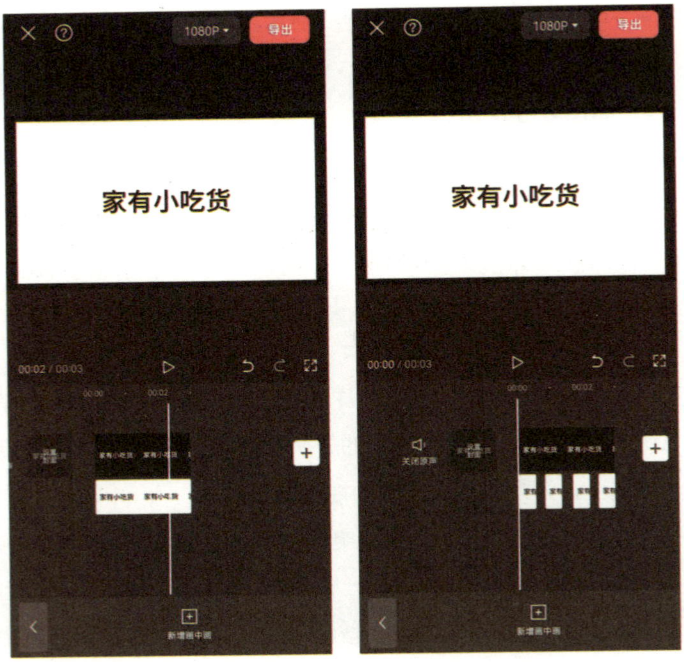

▲ 图 8-7

4 选择画中画图层分割后的最后一段视频，在该视频轨道开头处添加关键帧，再给视频添加一个“线性”蒙版，这里可以先把蒙版中的黄线上移，如图 8-8 所示。

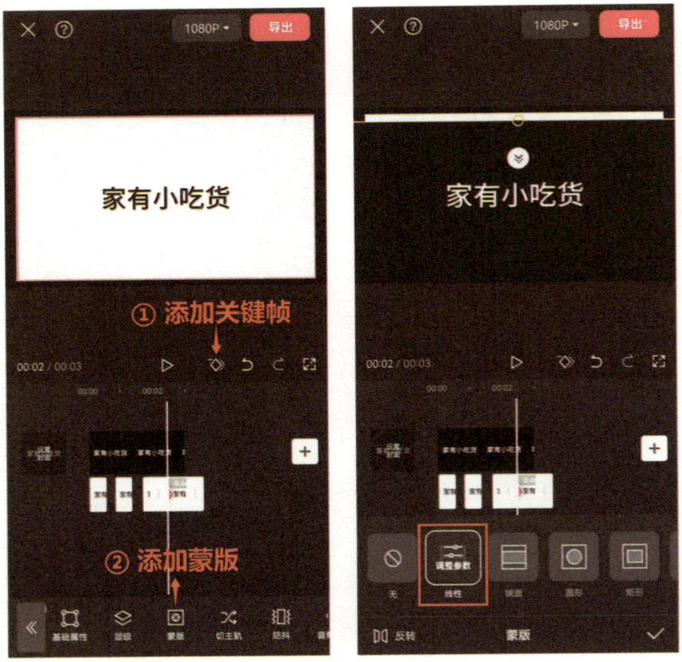

▲ 图 8-8

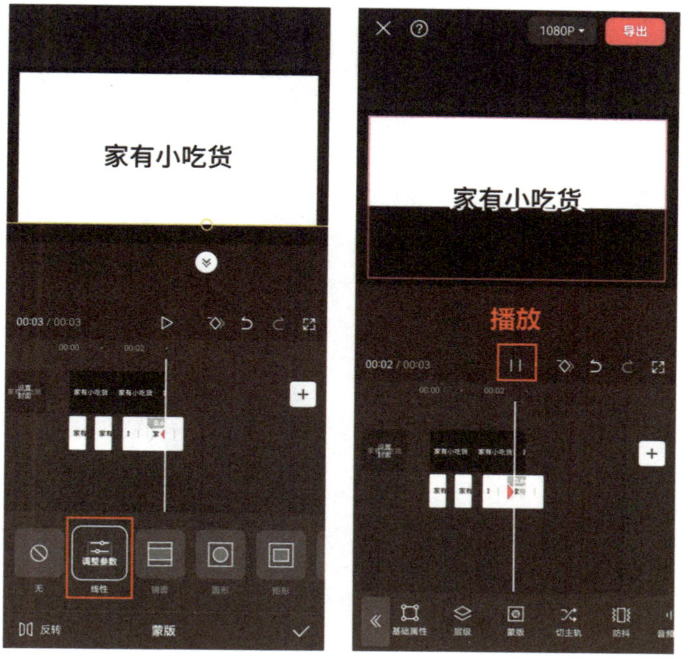

▲ 图 8-9

5　往后移动时间轴，再把蒙版中的黄线向下移动，如图 8-9 所示。这样一个动画效果就做好了，之后重复上述操作即可，可以多复制几个图层，多换几个文字做一些效果，黑白反转片头就完成了。

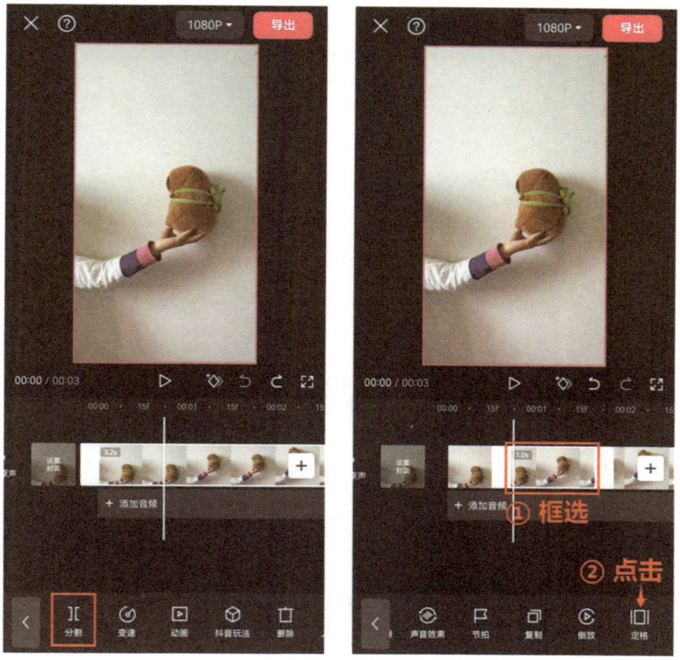

▲ 图 8-10

3 制作分身合体效果

剪映中制作分身合体效果主要依赖于“画中画”“定格”及“智能抠像”等功能，将同一人物或物体在画面中呈现出多个分身，并巧妙地将其合为一体，创造出独特而有趣的视觉效果。这种效果可以营造出梦幻般的氛围，增加视频的趣味性和创意性。无论是制作个人短视频、广告宣传片还是特效大片，剪映分身合体效果都能为作品增添一抹神秘而迷人

▲ 图 8-11

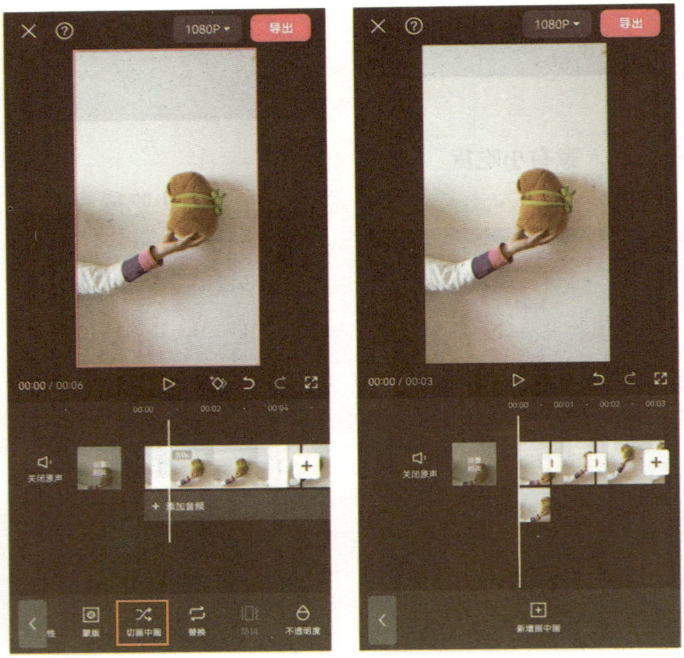

▲ 图 8-12

的色彩。具体操作步骤如下：

1. 导入一段小熊逐渐上升并走出屏幕的视频素材，点击“分割”，把时间轴白线移动到需要出现分身的位置，然后“框选”小熊素材视频，点击工具栏中最右侧的“定格”，如图 8-10 所示；这样照片效果就会添加进视频轨道并呈选中状态，如图 8-11 所示。
2. 点击“切画中画”，把照片切换到画中画图层，让照片图层的开头

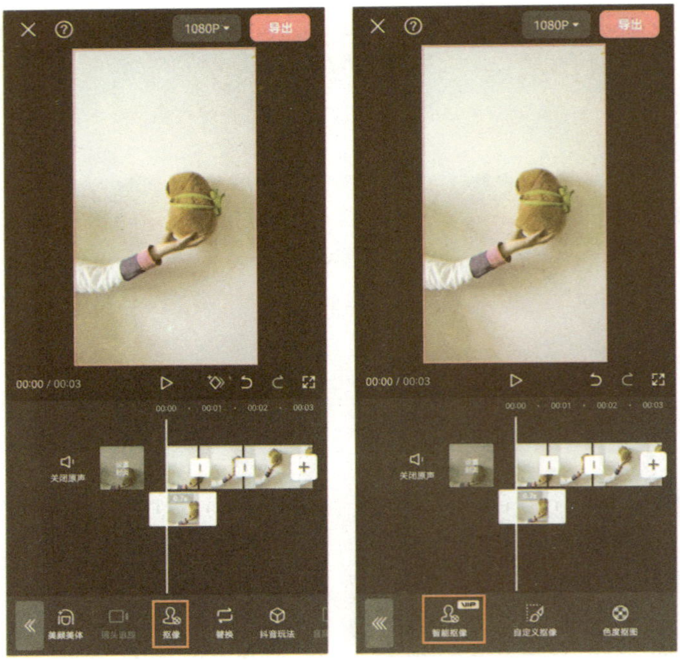

▲ 图 8-13

处与 0 秒对齐，结尾处与主视频的分割线处对齐，这样画中画图层的照片就可以盖住视频，如图 8-12 所示。

3 选中照片图层，点击“抠像”，选择“智能抠像”效果，抠出小熊，如图 8-13 所示；点击“√”按钮，抠图成功，小熊分身合体的视频效果如图 8-14 所示。

▲ 图 8-14

4 制作图片立方体效果

剪映中的图片立方体效果是一种在视频编辑中使用的特效，它可以将平面图片转化为具有立体感的立方体形状，为视频内容增添视觉上的层次感和动态效果。具体操作步骤如下：

1 导入图片素材“住宅”，点击主菜单的“比例”选项，选择 9 ∶ 16，如图 8-15 所示，完成后返回主菜单。

▲ 图 8-15

2 选中主视频轨道，点击“蒙版”，选择“矩形”，黄边矩形出现在预览画面；点击“反转”，在视频预览窗口放大蒙版的作用范围，框选出想展示的区域；完成后，点击“√”按钮，如图 8-16 所示。

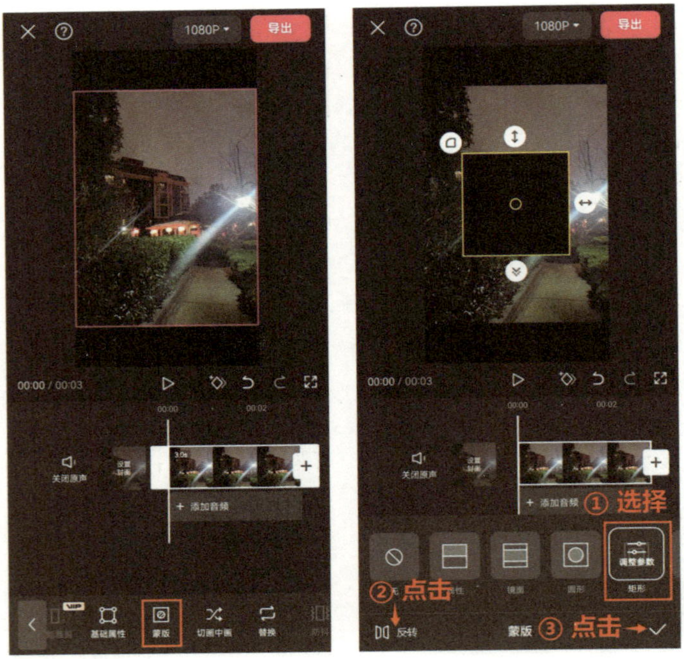

▲ 图 8-16

3 点击视频轨道，滑动工具栏菜单，找到“复制”按钮并点击，复制素材图片，点击“切画中画”；点击最开始导入的主视频素材图片，滑动工具栏，找到“切画中画”选项并点击，选中画中画轨道，出现白框，在画面预览界面，双指捏合，缩小画面的大小，如图 8-17 所示。

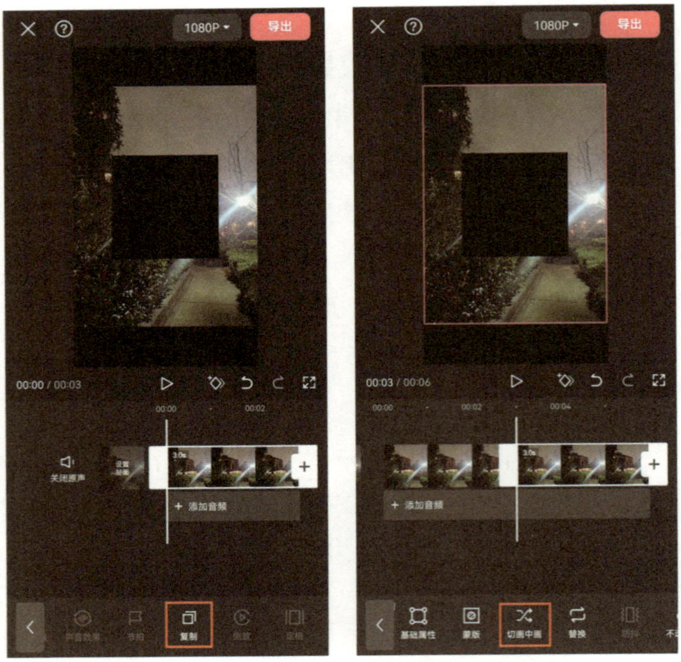

▲ 图 8-17

▲ 图 8-18

4 滑动工具栏，点击“蒙版”，选择“矩形”，在画面预览界面，双指旋转矩形蒙版，完成后，点击“√”按钮，如图 8-18 所示。

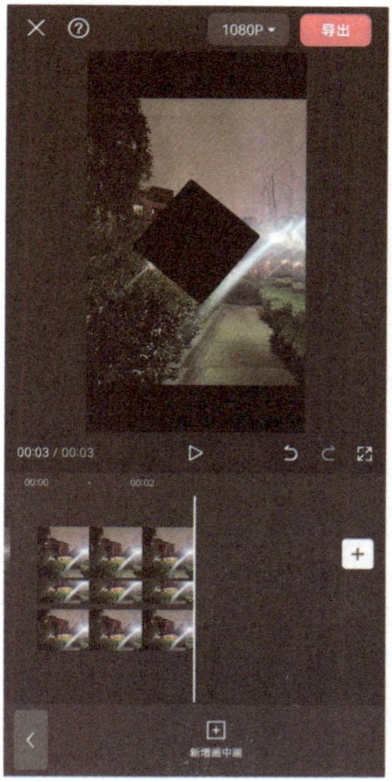

▲ 图 8-19

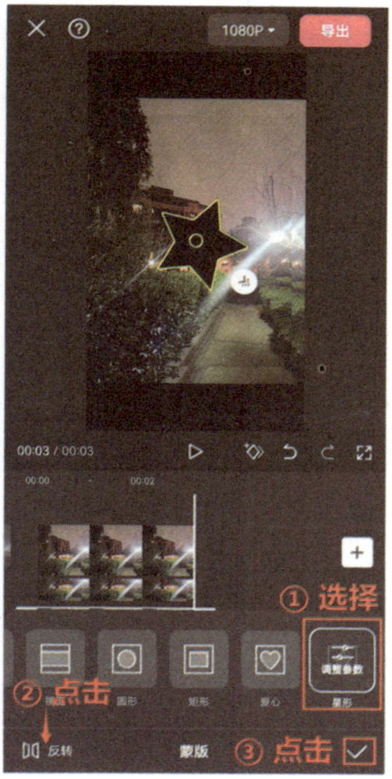

▲ 图 8-20

5 点击复制工具，选中刚才复制后的第二段画中画轨道上的视频。按住向下拖动，拖至第二个画中画视频轨道。保持第二个画中画轨道选中状态，点击下方蒙版工具，选择“星形”，点击“反转”，点击“√”按钮，如图 8-19 所示。在画面预览界面调整星形角度，星形大小如图 8-20 所示，完成后点击“√”按钮。

6 选中主轨道视频，点击工具栏中的“动画”按钮，选择“组合”选项卡，选择“立方体”效果，点击“√”按钮，如图 8-21 所示。之后按照步骤 6，以此给第一个画中画轨道视频和第二个画中画轨道视频添加“立方体”效果。全部添加完成后，点击播放，预览最终效果。

▲ 图 8-21

5 画中画淡进淡出的无缝转场

剪映的画中画淡进淡出无缝转场效果是一种高级的视频编辑技巧，它允许用户将一个视频片段（画中画）以平滑、自然的淡入淡出方式叠加到主视频上，创造出流畅而吸引人的视觉效果。这种转场效果不仅增加了视频的层次感和动态感，还使画中画内容与主视频内容之间的过渡更加自然，实现无缝衔接。具体操作步骤如下：

▲ 图 8-22

▲ 图 8–23

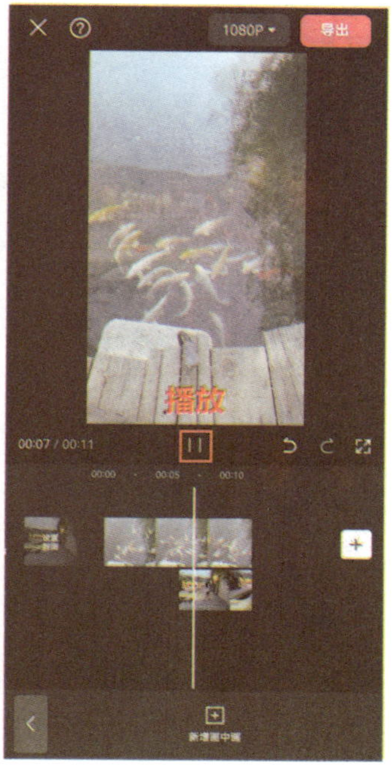

▲ 图 8–24

1. 导入 2 段拍摄好的视频素材，关闭原声，选中第 2 段视频，点击“切画中画”，将画中画视频移动到主视频的中间位置，在画中画开头及与主视频结尾对应的画中画位置点击“关键帧”按钮，分别添加关键帧，如图 8–22 所示。
2. 把时间轴移动到开头关键帧的位置，在最下方向左移动工具条，找到“不透明度”选项，拖动调整不透明度为 0，点击“√”按钮，如图 8–23 所示。淡进淡出的无缝转场制作完成，点击“播放”可浏览最终效果，如图 8–24 所示。

6 制作漫画效果

通过剪映的制作漫画效果功能，用户可以将普通的视频或图片素材转化为生动有趣的漫画风格，为视频增添独特的视觉魅力和趣味性。具体操作步骤如下：

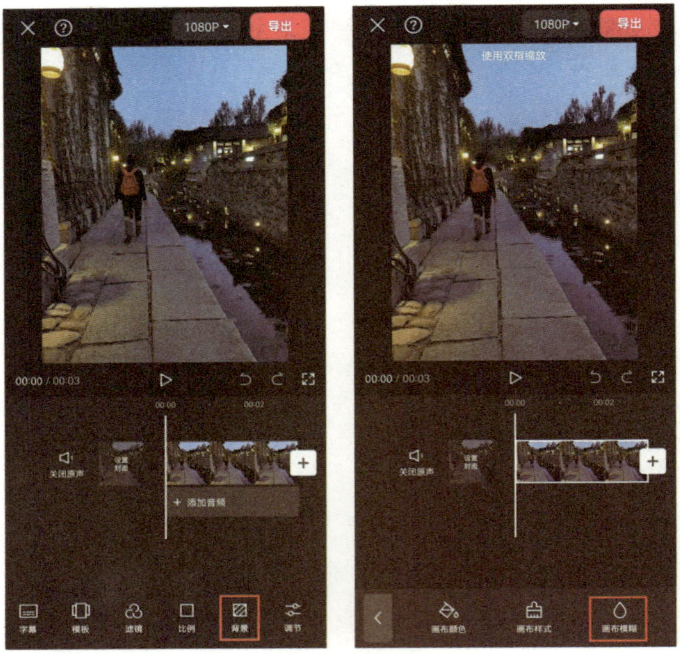

▲ 图 8-25

▲ 图 8-26

1 导入合适的照片素材，先、后点击“背景→画布模糊”，如图 8-25 所示；选择一款适合自己视频效果的模糊强度，点击“√”按钮，如图 8-26 所示。

2 点击主视频轨道，点击工具栏中的“复制”，选中主视频素材轨道，左滑工具栏，找到“切画中画”，点击“√”按钮，如图 8-27 所示。

▲ 图 8-27

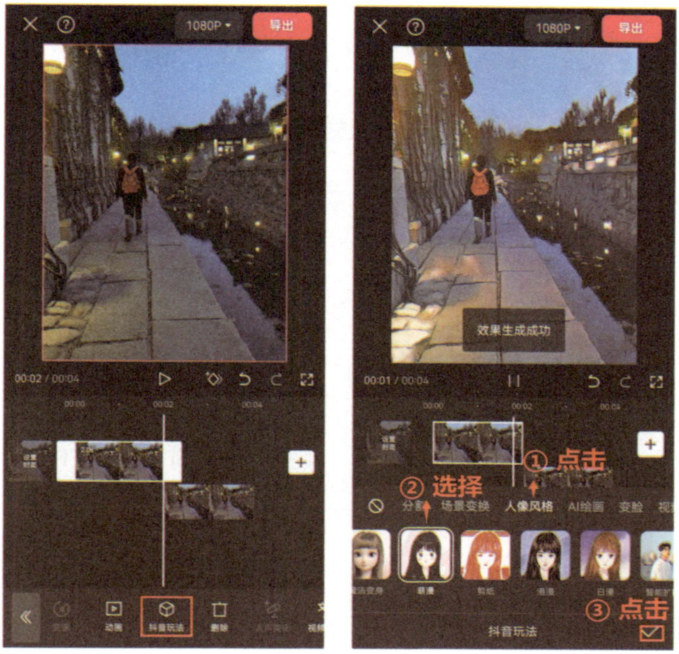

▲ 图 8-28

3 选中主视频素材轨道，在下方工具栏中点击“抖音玩法”，在“人像风格”选项卡中选择“萌漫”，点击“√”按钮，如图 8-28 所示；先、后点击“动画→入场→向右滑动”，再点击“√”按钮，如图 8-29 所示。

▲ 图 8-29

4 点击画中画视频素材轨道，先后选择“混合模式→滤色”，拖动查看呈现效果，完成后点击“√”按钮，如图 8-30 所示。

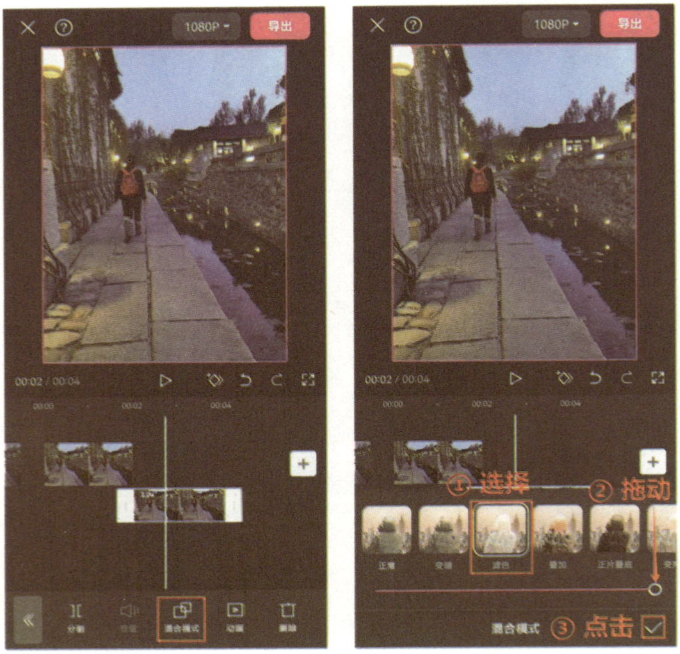

▲ 图 8-30

5 接下来返回主菜单，先后点击“特效→画面特效”，如图 8-31 所示；选择“动感→轻微抖动”特效，完成后点击“√”按钮，拖动特效持续时长与视频素材持续时长一致，如图 8-32 所示。

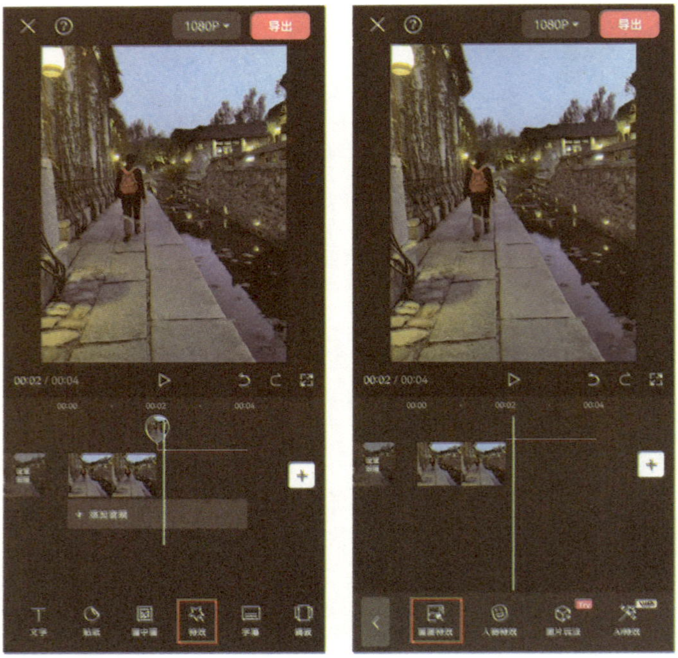

▲ 图 8-31

▲ 图 8-32

▲ 图 8-33

6 选择“画中画”，点击界面空白处，点击“画面特效→金粉→金粉闪闪”，完成后点击“√”，如图 8-33 所示；在特效轨道栏选中“金粉闪闪”特效，点击“作用对象”，点击左边的“全局”，完成后点击“√”，点击主视频轨道，视频结尾处和时间轴白线对齐，点击右侧正方形方块，拖动金粉特效轨道，调整金粉特效的开头位置和主视频轨道上的第 2 段视频开始位置对齐，如图 8-34 所示。

对于动画的选择，入场动画里除了可以选择向左滑动、向右滑动，还可以选择对应的向上滑动、向下滑动、向上甩入、向下甩入、向左甩入、向右甩入、动感缩小、动感放大等。特效可以根据视频类型及个人喜好进行添加。视频制作成功后，可以搭配上踩点的音乐，效果会更好。

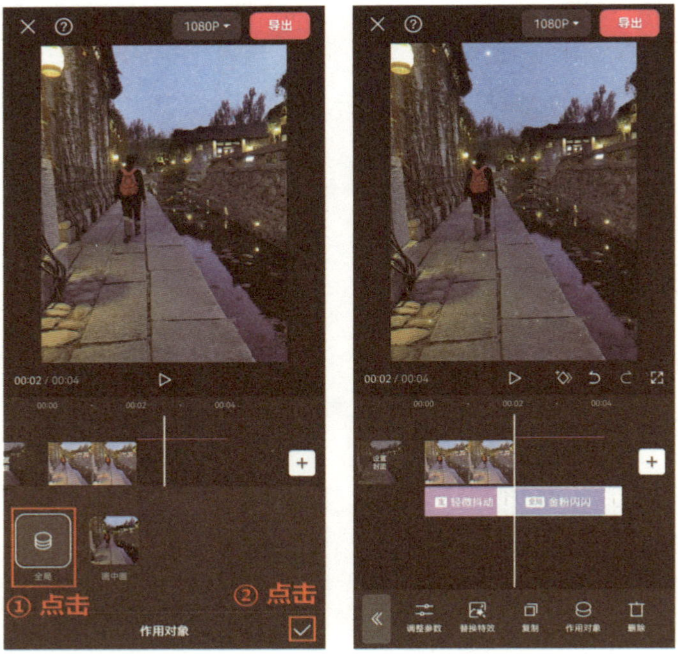

▲ 图 8-34

7 画面沿线移动渐变

在剪映中使用“画面沿线移动渐变”效果时，用户可以根据视频内容和创作需求灵活调整路径的走向、元素的移动速度和渐变的方式。这种效果不但能突出视频中的关键元素，引导观众的视线，还能增强视频的动态感和节奏感，使画面更加生动、有趣。具体操作步骤如下：

1. 导入合适的视频或照片素材，选中素材，点击工具栏的“复制”；选

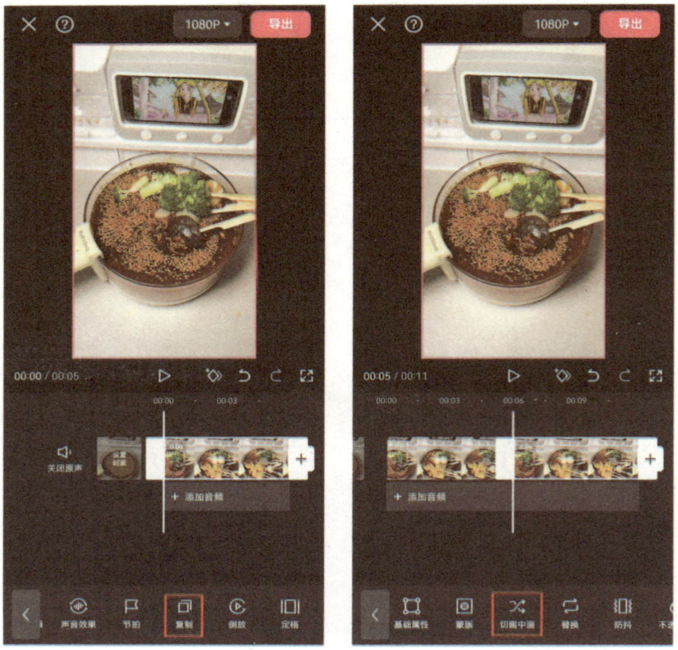

▲ 图 8-35

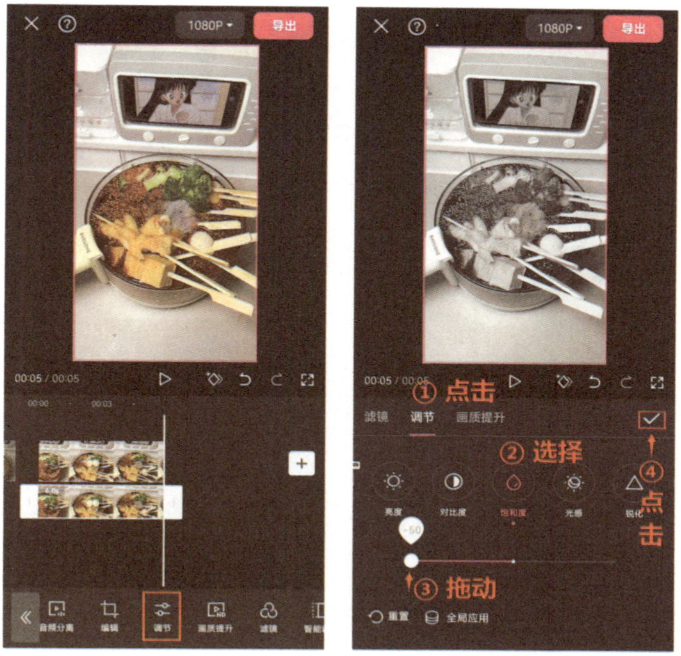

▲ 图 8-36

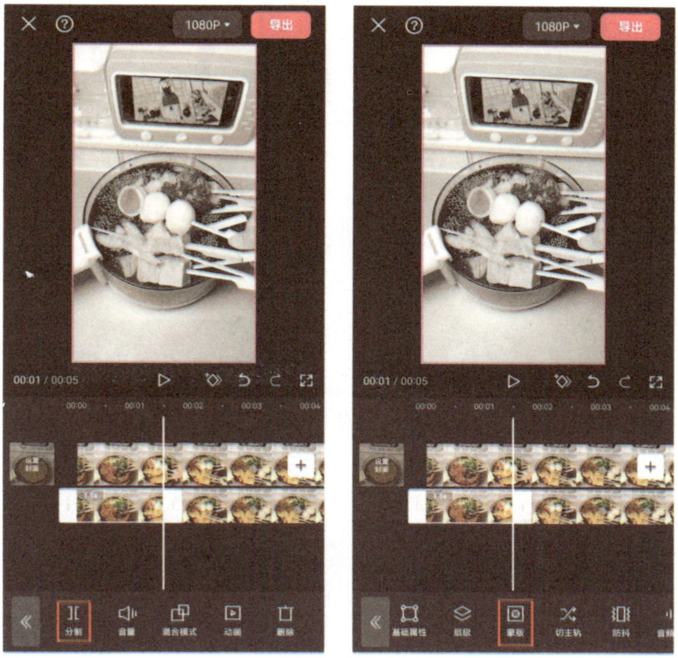

▲ 图 8-37

中复制的素材，点击“切画中画”，如图 8-35 所示。

2 可以看到素材轨道切换至下方，将上、下轨道的素材对齐，选中下方的视频素材，然后点击工具栏的“调节”，在“调节”选项卡下选中“饱和度”，然后拖动白色圆形滑块到最左侧，将饱和度调到最低值 -50，这时画面变成了黑白色调。调整完成后点击“√”按钮，如图 8-36 所示。

3 点击“分割”，将时间轴的白色竖线拖动到 1.5 秒，将变为黑白色调的素材分割，选中分割后的第一段素材，然后点击工具栏的“蒙版”，如图 8-37 所示；选择添加“线性”蒙版，点击“√”按钮，如图 8-38 所示。

4 将时间轴白色竖线拖至素材开头，然后点击“添加关键帧”图标，此时，素材轨道上会出现菱形图标；点击工具栏的“蒙版”会弹出蒙版编辑界面，在预览窗口中点击并稍微向下拖动羽化图标，给画面添加“羽化”效果，使黑白素材和彩色素材之间的分界变淡，如图 8-39 所示。

▲ 图 8-38

▲ 图 8-39

▲ 图 8-40

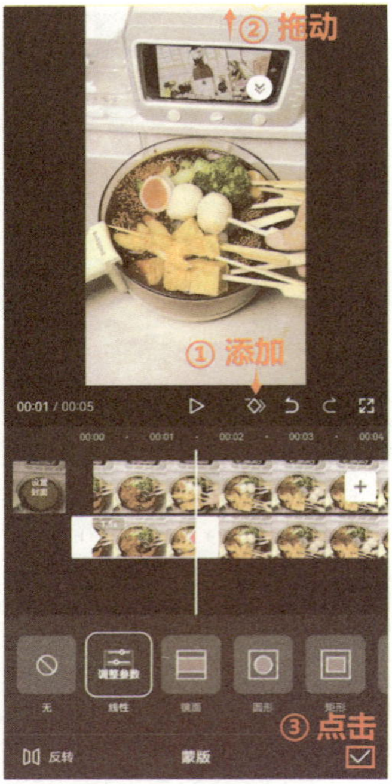

▲ 图 8-41

5 拖动蒙版横线，使横线位于预览窗口的最下方，然后点击“√”按钮；将时间轴白色竖线移动到第一段黑白素材的结尾，然后点击工具栏的“蒙版”，如图 8-40 所示；拖动蒙版横线，使横线位于预览窗口的最上方，点击“√”按钮，点击“关键帧”按钮添加关键帧，最后点击界面右下角的“√”按钮，如图 8-41 所示。此时，画面沿线从下方移动到上方的渐变效果就制作完成了，还可以调整蒙版的方向，让画面从上到下或从左到右进行渐变。

第九章 封面及视频发布：一秒吸睛，引爆点击

剪映的封面功能为视频创作提供了个性化的起点。通过这一功能，用户能够轻松选择或制作独特的封面，以吸引观众的注意力。无论是从视频中选择一帧作为封面，还是上传自己的照片作为封面，剪映都提供了丰富的选项和编辑工具。用户可以根据视频的主题和风格，调整封面的尺寸、色彩和布局，确保它与视频内容相协调。完成封面制作后，用户可便捷地通过抖音等短视频平台发布作品，让更多人欣赏到自己的作品。

新手学习重点：

1. 掌握封面添加的3种方法
2. 学会撰写爆款标题
3. 掌握短视频最佳发布时间
4. 掌握短视频发布方法

1 短视频封面的重要性

短视频封面直接决定了观众是否愿意点击并观看视频内容。封面作为视频的第一印象，对于吸引观众的注意力至关重要。一个精美、引人入胜的封面能够激发观众的好奇心，让他们对视频内容产生浓厚的兴趣，进而点击观看。

具体来说，短视频封面在以下几个方面发挥着重要作用：

1 封面是视频内容的直观展示：通过精心设计的封面，观众可以初步了解视频的主题、风格和氛围，从而判断视频是否符合自己的兴趣。一个与视频内容紧密相关的封面能够吸引更多受众目标，提高视频的点击率。

2 封面是提升视频品质的关键：一个高质量的封面能够凸显视频的专业度和品质感，增强观众对视频内容的信任度。相比之下，粗糙的封面可能会让观众对视频内容无感，降低观看意愿。

3 封面还有助于塑造个人或品牌形象：对于自媒体创作者或品牌来说，一个具有辨识度的封面能够加深观众对个人或品牌的印象，提升知名度和影响力。通过保持封面的统一风格和调性统一（即封面的个性），创作者或品牌可以在观众心目中形成独特的视觉标识，增强品牌忠诚度。

4 封面是视频推广的重要媒介：在社交媒体平台上，一个吸引人的封面能够增加视频被分享和转发的机会，扩大视频的传播范围。通过优化封面设计，创作者或品牌能更好地利用社交媒体平台的传播力提升视频的曝光度和观看量。

▲ 图 9-1

2 编辑视频中的画面作为封面

编辑视频中的画面作为封面，是一种提升视频吸引力的有效方法。通过将视频中的精彩瞬间或关键画面截取出来作为封面，观众能够在第一时间感知到视频的内容和风格，从而产生观看的欲望。这种封面制作方式不仅能够准确传达视频的主题和亮点，还能够增加视频的辨识度和记忆点。具体操作步骤如下：

1. 导入一段视频素材，点击视频轨道左侧的“设置封面”，可以左、右滑动选择封面，将时间轴滑动到想要作为封面的一帧画面上，点击“添加文字”，如图 9-1 所示；输入封面文字“高尔夫球场”，并对字体、字号、字体颜色、字间距、标题位置等进行调整，然后点击页面右上角的“保存”，如图 9-2 所示。

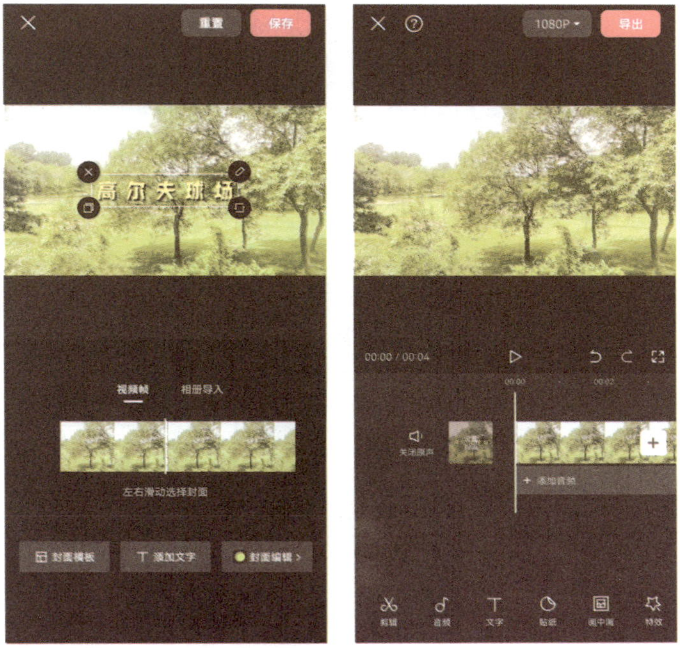

▲ 图 9-2

▲ 图 9-3

2 设置好封面后，点击右上方的“导出”即可导出视频，可以看到设置好的封面出现在视频的开头，点击“播放”，即可浏览封面效果，如图 9-3 所示，

3 导入相册中设计好的图片作为封面

除了直接截取视频中的一帧画面作为封面，还可以直接导入相册中设计好的图片作为封面。用户可以根据自己的喜好和需求，定制出更具吸引力的封面。从而提升视频的点击率和观看体验。具体操作步骤如下：

1 导入一段视频素材，点击视频轨道左侧的“设置封面”，点击“相册导入”，在弹出的页面

▲ 图 9-4

中选择已经设计好的封面，如图 9-4 所示；同时，点击“添加文字”，输入文字，仍以“高尔夫球场”为例，并对字体、字号、字体颜色、字间距、标题位置等进行调整，点击“保存”，如图 9-5 所示。

▲ 图 9-5

2 在相册中查看刚刚“导出”的视频，可以看到设置好的封面出现在视频开头，点击可浏览效果，如图 9-6 所示。

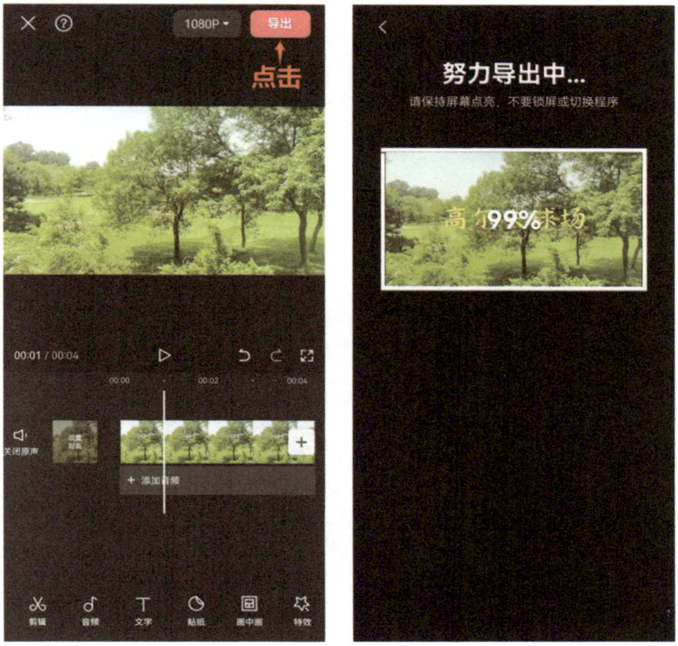

▲ 图 9-6

4 使用封面模板设计封面

设计封面需要一些灵感创意，创作者还可以借助剪映的封面模板来快速设计封面。具体操作步骤如下：

1 导入一段视频素材，点击视频轨道左侧的“设置封面”，点击“封面模版”，这里有多种类型模板可供选择，如图9-7所示；选择一个合适的模板，如“周末小记”，点击“√”按钮，

▲ 图 9-7

▲ 图 9-8

▲ 图 9-9

封面设置完成，点击页面右上角的“保存”，如图 9-8 所示。

2 在相册中查看刚刚导出的视频，可以看到设置好的封面出现在视频开头，如图 9-9 所示。

5 短视频爆款标题的撰写

撰写短视频标题，要求创作者在有限的字数内精准传达视频的核心内容，同时又能吸引观众的眼球，激发他们的观看欲望。

撰写标题的过程中，创作者需要不断尝试和创新，结合视频内容和观众反馈，不断优化标题策略。通过精心打造的爆款标题，不仅能够吸引更多观众点击观看，还能提升视频的传播效果和影响力，为创作者带来更多的关注和认可。

这里给大家分享爆款标题的 8 个小技巧。

1 设置悬念：此类标题最大的特点就是说一半留一半，勾起用户的好奇心。例如：

“深夜背着爸妈偷吃是什么体验？”如图 9-10 所示。

“一个速食半成品而已，不必这么卷吧？”

这类标题大多是前半部分设置悬念，后半部分没给出答案，会让人产生想要一探究竟的想法。

2 打破常规：此类标题主要表现为颠覆性的观点或现象，制造反差，吸引注意力。例如：

“上课上十年的大学老师，昨天居然开始卖凉席了。”

“工作了 1825 天，才想明白的 3 件事儿。”

3 利益诱导：此类标题的特点是侧重我们能获得的利益，大多以低投入高回报为方向。例如：

图 9-10

“做到这两点，工资翻倍。”

“千万粉丝福利来了，好礼狂送，购物满 300 元减 200 元。”

4 提出疑问 / 反问：此类标题对特定的社会生活现象提出自己的疑问，勾起用户的好奇心。例如：

“×× 饮料为什么只卖一元不涨价。”

“还在用 ×× 手机的人，是因为穷吗？”

5 引起共鸣：此类标题往往会描绘大家共同经历过的场景或感受，能够增强观众代入感。例如：

“要一直保持童心，才不会变成无趣的大人。”

“10 部超励志电影，当你怀疑人生时翻出来看看。”

6 结合热点：想要打造爆款视频，必然离不开热点，标题中涉及人们普遍关注的热点话题，可以带来更多流量。例如：

“冬奥会伙食有多好？萨摩亚小哥‘吃丢’八块腹肌。”

“游客下车拍照却被告知拍照收费。”

7 突出身份标签：标题中身份标签越细分，越能吸引人。在标题中善于运用年龄、工作、地区、行业、收入水平等身份标签，越能吸引相关群体的注意。例如：

“‘80 后’在职场中有多‘卷’。”

“‘00 后’有多‘刚’。”

8 名人效应：行业大佬、明星、“百万博主”等自带光环的人更容易受到人们的关注。例如：

“雷军回应：我不是爽文男主。”

“不要跟雷军比营销，几百亿小米手机不是开玩笑。”

6 优化短视频发布时间

众所周知，如果想要让自己的短视频获得更多的播放量，选对发布时间也至关重要，比如，常见的一天内短视频发布的 3 个时间是 7—9 点、11—13 点、18—20 点。但是值得一提的是，不同类型短视频发布的黄金时间也是有所差异的。给大家分享一下常见的 4 类短视频发布时间。

1 颜值类：

美妆类：11—14 点、19—22 点；

护肤类：11—14 点、20—22 点；

穿搭类：12—13 点半、19—23 点；

美容类：11—14 点、19—22 点。

2 生活类：

健身类：13—14 点、20—21 点；

摄影类：11—13 点半、19—22 点；

萌宠类：12—14 点、19—23 点；

家居类：12—13 点半、20—22 点；

母婴类：9—10 点、21—23 点。

3 休闲娱乐类：

美食类：11—14 点、16—22 点；

探店类：12—14 点、18—23 点；

旅游类：12—14 点、18—23 点；

搞笑类：12—14 点、18—22 点。

4 成长类：

职场类：12—13 点、18—21 点；

情感类：21—24 点；

学习类：7—9 点、19—23 点；

知识类：7—9 点，21—24 点。

▲ 图 9-11

▲ 图 9-12

7 手机抖音短视频发布方法

以抖音 App 为例，发布短视频的具体操作方法如下：

1 打开抖音 App，点击界面下方的“＋”按钮，进入拍摄界面。在界面下方点击“相册”按钮，如图 9-11 所示；

2 在打开的界面中选择“视频”选项卡，选择要发布的视频文件，然后点击界面右下方的“下一步”按钮，如图 9-12

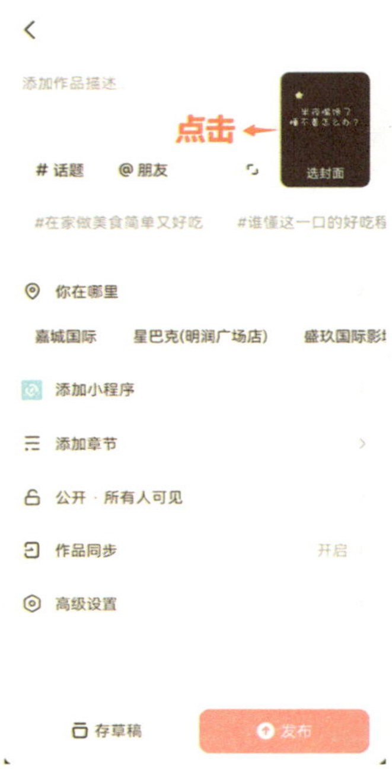

▲ 图 9-13

▲ 图 9-14

所示；点击“下一步”按钮，进入视频编辑界面（可以为视频添加音乐、文字、贴纸、特效、滤镜等，本条视频是包装好的成片，因此可以直接点击“下一步”），点击“下一步”按钮，点击“选封面”，如图 9-13 所示；选择一帧合适的画面作为封面，点击“保存封面”，然后预览封面，如图 9-14 所示。

▲ 图 9-15

3 进入“发布”界面，可以为短视频添加标题，添加“话题＃标签”，或“@朋友”以及添加位置等，最后点击“发布”，即可成功发布视频，如图 9-15 所示。